Johanna Fink

AF565881

SO WIRD FÜHRUNG IN TEILZEIT ZUM ERFOLG!

Wir übernehmen Verantwortung! Ökologisch und sozial!

- Verzicht auf Plastik: kein Einschweißen der Bücher in Folie
- Nachhaltige Produktion: Verwendung von Papier aus nachhaltig bewirtschafteten Wäldern, PEFC-zertifiziert
- Stärkung des Wirtschaftsstandorts Deutschland: Herstellung und Druck in Deutschland

Johanna Fink

SO WIRD FÜHRUNG IN TEILZEIT ZUM ERFOLG!

Das Praxisbuch für Teilzeitführungskräfte

Illustriert von Danny Herzog-Braune

Externe Links wurden bis zum Zeitpunkt der Drucklegung des Buches geprüft. Auf etwaige Änderungen zu einem späteren Zeitpunkt hat der Verlag keinen Einfluss. Eine Haftung des Verlags ist daher ausgeschlossen.

Ein Hinweis zu gendergerechter Sprache: Die Entscheidung, in welcher Form alle Geschlechter angesprochen werden, obliegt den jeweiligen Verfassenden.

Bibliografische Information der Deutschen Nationalbibliothek

Die Deutsche Nationalbibliothek verzeichnet diese Publikation in der Deutschen Nationalbibliografie; detaillierte bibliografische Daten sind im Internet über http://dnb.d-nb.de abrufbar.

ISBN 978-3-96739-203-6

Lektorat: Doreen Fröhlich, Chemnitz
Umschlaggestaltung: Tina Mayer-Lockhoff, Berlin
Illustrationen: Danny Herzog-Braune | www.paperwings-consulting.de
Autorinnenfoto: @ privat
Satz und Layout: Lohse Design, Heppenheim | www.lohse-design.de
Druck und Bindung: Salzland Druck, Staßfurt

© 2024 GABAL Verlag GmbH, Offenbach

Alle Rechte vorbehalten. Vervielfältigung, auch auszugsweise, nur mit schriftlicher Genehmigung des Verlags.

Wir drucken in Deutschland.

www.gabal-verlag.de
www.gabal-magazin.de
www.facebook.com/Gabalbuecher
www.twitter.com/gabalbuecher
www.instagram.com/gabalbuecher

PEFC-zertifiziert
Dieses Produkt stammt aus nachhaltig bewirtschafteten Wäldern und kontrollierten Quellen
www.pefc.de

Inhalt

Teil III: Als Teilzeitführungskraft erfolgreich durchstarten 115

Vorwort von Katy Roewer

Liebe Leser:innen,

Anfang 2024 arbeiten in Deutschland 13 Prozent der Führungskräfte in Teilzeit. Ein »Randphänomen«, wie es heißt.[1]

Ich frage mich: Warum ist diese Zahl so niedrig? Liegt es an der Annahme, dass Führung und Personalverantwortung nur in Vollzeit funktionieren und Führungskräfte eben genau danach ausgewählt oder qualifiziert werden?

Falls ja, ist es allerhöchste Zeit, dieses Bild zu revidieren. Denn: Es ist schlichtweg falsch. Wir brauchen eine neue Haltung zu Führung in Teilzeit. Führungskompetenz benötigt keine Vollzeitpräsenz – das eine bedingt nicht das andere. Präsenzstunden allein lassen keine Rückschlüsse auf die Führungskompetenz zu. Im Gegenteil, es sind vor allem persönliche Skills, auf die es ankommt.

Ich spreche aus Erfahrung und eigener Überzeugung. Denn seit 2015 arbeite ich als Managerin in Teilzeit und bin in meiner Rolle für rund 6000 Menschen verantwortlich. Deshalb weiß ich, dass »Chef:in sein« und Teilzeit kein Widerspruch sind, sondern eine große Chance, Führungsrollen neu und anders zu denken.

Was es braucht, sind Aufklärung und Beispiele, wie Führen in Teilzeit funktioniert. Und Rahmenbedingungen mit effizientem Zeit- und Erwartungsmanagement sowie klarer Kommunikation. Einen hilfreichen und klugen Anstoß dazu gibt dieses Buch – das den Weg für ein modernes und faires Verständnis von Teilzeitführung bereitet.

Herzlich,
Katy Roewer
(Bereichsvorständin Service & HR bei OTTO)

Intro

Ich habe lange darüber nachgedacht, dieses Buch zu schreiben. Vor allem deshalb, weil ich mir oft die Frage gestellt habe: Schaffe ich das zwischen Unternehmensgründung und Kinderzeit, zwischen Selbstfürsorge und dem Bedürfnis, aktiv zu einer diverseren und nachhaltigeren Arbeitswelt beizutragen? Denn eines ist klar: Einfach weiter so wie bisher ist keine Lösung mehr. Wir haben es in unserer heutigen Zeit mit den verschiedensten Krisen zu tun – global bedroht uns die Klimakrise, in Europa herrscht Krieg, und der soziale Friede in Deutschland wackelt. Gleichberechtigung und Diversität sind zwar Teil der gesellschaftlichen Diskussion – gleichzeitig sind diese Errungenschaften durch den politischen Rechtsruck in Deutschland und Europa so bedroht wie schon lange nicht mehr.

Was wir brauchen, sind neue Konzepte und Ideen. Auch und besonders für die Arbeitswelt, in der wir uns bewegen. Und genau darum geht es in diesem Buch. Ich möchte tradierte Glaubenssätze und Gewohnheiten in Bezug auf Führung infrage stellen und ein neues Bild von Karriere zeichnen, das vielfältig und attraktiv ist. Ich wünsche mir, dass Arbeit und Leben nicht vereinbart werden müssen, sondern ineinandergreifen. Dass wir unsere Zeit auf unterschiedliche Lebensbereiche aufteilen können, ohne ein schlechtes Gewissen zu haben, uns rechtfertigen zu müssen oder aus dem letzten Loch zu pfeifen. Ich wünsche mir nichts anderes als eine gerechtere, menschlichere Arbeitswelt.

Deshalb möchte ich mit diesem Buch zum einen meinen Beitrag zum gesellschaftlichen Diskurs über die Zukunft unserer Arbeitswelt leisten. Aussagen wie »Wir brauchen mehr Bock auf Arbeit«[2] und die Diskussionen über die Anhebung der Wochenarbeitszeit auf 42 Stunden lassen mich wütend und auch ein Stück weit fassungslos zurück – denn Ideen und Prinzipien aus dem letzten Jahrtausend werden uns in unserer postindustriellen Arbeitswelt nicht weiterbringen.

Damit zukünftiges Arbeiten gut gelingt, ist jeder und jede Einzelne von uns gefragt. Aber auch Wirtschaft und Politik haben wirksame Werkzeuge in der Hand. 2024 haben Unternehmen wie Henkel mit der Einführung einer geschlechtsneutralen Elternzeit für die ersten acht Wochen nach der Geburt eines Kindes ein Zeichen gesetzt. Das Unternehmen stockt das Elterngeld auf das ursprüngliche Gehalt auf und ermöglicht damit in Deutschland Eltern einen gemeinsamen Start in die Elternschaft, wovon besonders Väter und gleichgeschlechtliche Paare profitieren.[3] Die Politik, die die Umsetzung einer längst überfälligen EU-Richtlinie seit geraumer Zeit vor sich herschiebt und nun für 2024 angekündigt hat, schneidet da im Vergleich ziemlich schlecht ab. Denn die Reform des Ehegattensplittings, das Anreize für eine höhere Erwerbsbeteiligung verheirateter Frauen setzt, sowie eine paritätische Aufteilung des Elterngeldes, das zu einer ebensolchen Aufteilung der Elternzeit motiviert, wären wichtige Maßnahmen, um zu einer nachhaltigen Veränderung zu kommen. Wären, wohlgemerkt. Bis es so weit ist, spielen Unternehmen, die heute bereits Fakten schaffen und Teilzeitmodelle auf allen Karrierelevels anbieten, eine entscheidende Rolle in der Etablierung eines neuen Verständnisses besonders von Arbeit in Teilzeit.

Aber auch wenn der gute Wille da ist – in der Praxis scheitert Führung in Teilzeit häufig immer noch daran, dass das Konzept als schwierig oder kompliziert wahrgenommen wird und positive Beispiele fehlen. Als ich vor knapp zehn Jahren Führungskraft in Teilzeit geworden bin, gab es für mich wenig bis gar keine sichtbaren Vorbilder – weder auf Unternehmensseite noch im privaten Umfeld. Ich musste vieles allein herausfinden und habe dabei auch Fehler gemacht, die ich mit meinem heutigen Wissen hätte vermeiden können. Was mir geholfen hätte, wäre ein Buch wie dieses gewesen. Ein Buch, das Menschen zu Wort kommen lässt, die den Weg zur erfolgreichen Teilzeitführungskraft bereits gegangen sind, und von deren Erfahrungen ich profitieren kann. Ein Buch, das mir Tools und Techniken an die Hand gibt, die mir bei der Orientierung in der neuen Rolle helfen. Gleichzeitig habe ich gelernt, dass es den *einen* richtigen Weg nicht gibt – aber es gibt viele hilfreiche Best Practices und Werkzeuge, die dir auf deiner Reise als Teilzeitführungskraft helfen können.

Und das ist der zweite Grund, warum ich mein Wissen in diesem Ratgeber zusammengefasst habe. Mit meinem Unternehmen TEILZEIT. TALENTE, das ich 2023 gegründet habe, begleite ich Organisationen dabei, Führung in Teilzeit erfolgreich zu etablieren. Aber ich wollte auch die Menschen direkt erreichen, die sich auf den Weg zur Teilzeitführungskraft machen wollen oder schon gemacht haben. Seit 2021 spreche ich deshalb in meinem gleichnamigen Podcast mit Teilzeitführungskräften, Expert:innen und Unternehmensvertreter:innen über Führung in Teilzeit.

In über 80 Episoden ist so ein wahrer Schatz an Erfahrungsberichten, Erfolgsstorys und Wissenshäppchen entstanden. Dadurch habe ich noch mal viel über das Thema gelernt, und in mir ist der Wunsch entstanden, dieses Wissen in gebündelter Form auch anderen zugänglich zu machen. Das Ergebnis ist dieses Buch, das zu großen Teilen auf meinen Gesprächen aus dem Podcast basiert. Viele der in den letzten drei Jahren geführten Interviews findest du in Ausschnitten auf den folgenden Seiten wieder – einige wenige sind eigens für das Buch entstanden.

Führung in Teilzeit besteht aus drei großen Teilen. Im ersten Teil versorge ich dich mit wichtigen Hintergrundinformationen und Fakten, damit du gute Argumente an der Hand hast, wenn es darum geht, (d)ein Unternehmen von flexiblen Arbeitsmodellen für Führungskräfte zu überzeugen. Im zweiten Teil zeige ich dir, mit welchen Tools und welchem Mindset Führung in Teilzeit wirklich funktionieren kann, und im dritten und letzten Teil widme ich mich den praktischen Fragen auf dem Weg zu einer Führungsposition in Teilzeit und gebe dir Tipps und Tricks für den Start in der Rolle.

Ich wünsche dir viel Freude mit dem Buch und Erfolg auf deinem beruflichen Lebensweg!

Einleitung: Die Gretchenfrage – Kann Führung in Teilzeit wirklich funktionieren?

Dieser Frage habe ich 2021 meine erste Podcast-Episode gewidmet – und auch mehr als zwei Jahre später ist diese Folge immer noch die meistgehörte überhaupt, das Interesse am Grundsätzlichen dieser Frage ungebrochen hoch. Auch wenn ich ins Gespräch mit Unternehmensvertreter:innen gehe, höre ich oft den mehr oder weniger leisen Zweifel heraus, ob das mit der Karriere in Teilzeit wirklich klappen kann.

Als 2015 das langersehnte Angebot für eine Führungsposition auf meinem Tisch lag, habe ich mir diese Frage ebenfalls gestellt. Alles hat gepasst – spannender Job, toller Chef und nette Kollegen. Nur der Zeitpunkt war mies. Ich war gerade mit meinem ersten Kind schwanger. Gleichzeitig war mir schnell klar, dass ich das Angebot gern annehmen möchte, und zwar idealerweise in Teilzeit und mit einem Wiedereinstieg nach sieben Monaten Elternzeit. Denn ich wollte beides – Kind und Karriere. Ehrlich gesagt habe ich damals nicht damit gerechnet, dass mein Chef auf meine Vorstellungen eingehen würde. Doch für mich stand fest: Es geht nur in Teilzeit oder gar nicht. Ich wollte für meine neue Familie da sein *und* im Beruf weiterkommen. Umso größer waren mein Glück und die Überraschung, als die Zusage kam. Und das war natürlich auch der Moment, in dem es in meinem Kopf zu rattern begann: Schaffe ich das? Kann das funktionieren? Und wenn ja, wie?

Tatsächlich ist es dann ziemlich gut gelaufen. Besser, als ich und vermutlich auch viele andere sich das vorgestellt haben. Gleichzeitig ist meine Geschichte natürlich kein unumstößlicher Beweis dafür, dass Führung in Teilzeit funktioniert. Aber sie ist ein gutes Beispiel. Später habe ich außerdem gemerkt, dass Erfahrungen wie meine wichtig sind, weil sie andere motivieren und inspirieren, diesen Weg ebenfalls zu gehen. Denn erfolgreiche Führungskräfte in Teilzeit sind immer noch viel zu wenig sichtbar in unserer Arbeitswelt. Aber wie kann eine allgemeingültigere Antwort auf die Frage aussehen, ob Führung in Teilzeit wirklich funktionieren kann? Werfen wir zunächst einen Blick auf die Statistik. In

Deutschland arbeiten 13 Prozent aller Führungskräfte in Teilzeit.[4] Das ist alles andere als die absolute Ausnahme; es gibt diese Teilzeitführungskräfte, und das nicht erst seit gestern. Allerdings sind sie fast ausschließlich Frauen.[5] Im Umkehrschluss bedeutet das: Wenn Führung in Teilzeit nicht funktionieren würde, dürfte es diese 13 Prozent gar nicht geben. Für unsere Frage bedeutet das: Sie muss anders lauten. Statt nach dem *ob* zu fragen, sollten wir uns damit beschäftigen, *wie* Führung in Teilzeit funktionieren kann und wie alle Beteiligten davon profitieren können.

Auch für mich wäre damals eine solch konkrete, konstruktive Fragestellung hilfreich gewesen. Denn was mir wirklich geholfen hätte, wären Informationen und Best Practices dazu gewesen, wie das Arbeitsmodell in der Anwendung aussehen kann, wie es funktioniert und welchen Spielraum ich habe. Mir war klar, dass ich dafür sorgen musste, dass das Team auch ohne meine ständige Anwesenheit funktionieren kann. Mich in alle Aufgabengebiete einzuarbeiten und dort zur Fachexpertin zu werden, erschien mir in 30 Wochenstunden relativ aussichtslos. Gleichzeitig wollte ich nicht nachmittags mit dem Handy am Ohr am Spielplatz stehen und mit meiner Aufmerksamkeit immer woanders sein müssen als bei meinem Kind. Ich brauchte also einen Führungsstil, der für eine klare Ausrichtung sorgt und Mitarbeitenden ein möglichst selbstorganisiertes Arbeiten ermöglicht. *Trust and Inspire* statt *Command and Control* war die Devise. Wie das genau gehen sollte, war mir zum damaligen Zeitpunkt aber nicht wirklich klar. Also habe ich Bücher über agiles Management gelesen, mich aber vor allem auf meine Intuition verlassen und einfach losgelegt.

Von den Kolleg:innen wurde ich damals sowohl freundlich begrüßt als auch verhalten beäugt – so etwas wie mich hatte es vorher noch nicht gegeben. Eine Führungskraft in Teilzeit war in ihrem Umfeld ein Novum, und auch ich konnte nicht wirklich mit Erfahrung aufwarten. Nach außen hin habe ich versucht, Zuversicht und Gelassenheit auszustrahlen. In mir drin sah es manchmal jedoch ganz anders aus. Dazu kam, dass ich gerade am Anfang oft mit meiner Entscheidung gehadert habe. Wenn ich morgens das Haus verlassen habe und meine Tochter beim Papa erst mal geweint hat. Wenn ich nachts fast nicht geschlafen habe, weil das Kind krank war. Wenn ich das Gefühl hatte, in der Arbeit mit meiner Situation und den damit verbundenen Herausforderungen allein zu sein. Gleichzeitig habe ich schnell gemerkt, dass mir der Job Spaß macht und ich mit meiner Arbeit etwas bewegen kann. Schon nach den ersten Wochen und

Monaten bekam ich immer mehr das Gefühl, dass es gut läuft. Und dieses Gefühl hatte nicht nur ich – auch mein Chef und die meisten Kolleg:innen im Team waren zufrieden mit mir als neuer Führungskraft. Ich hatte es erst einmal geschafft.

Dass das, was ich mir überlegt hatte, funktionierte, mag Zufall gewesen sein oder auch Glück. Wenn ich heute auf mein Wissen zum Thema Teilzeitführung blicke oder mit anderen erfolgreichen Teilzeitführungskräften spreche, werden mein Vorgehen und meine Erfahrungen von damals bestätigt. Auf der anderen Seite gibt es für Teilzeitführung kein Patentrezept, das zu jedem und jeder Teilzeitführungskraft in jedem Unternehmen passt. Denn die Rahmenbedingungen sind höchst unterschiedlich, und Führung in Teilzeit hängt von verschiedenen Faktoren ab: dem Job, der Branche, der Unternehmenskultur, der Teamzusammensetzung und zuletzt auch vom individuellen Führungsstil sowie natürlich der verfügbaren Arbeitszeit. Eine Karriere in Teilzeit mit 20 Stunden in einem eher konservativen Konzernumfeld funktioniert anders als Führung in Teilzeit in einem sogenannten *vollzeitnahen Arbeitsmodell* mit bis zu 36 Wochenstunden in einem kleinen und agilen Unternehmen.

Deshalb werde ich dir in diesem Buch verschiedene Ansätze vorstellen und dir Best Practices und Role Models aus unterschiedlichsten Kontexten präsentieren. Denn ich wünsche mir, dass du dir daraus ein individuelles Modell zusammenstellen und so von den Erfahrungen anderer profitieren kann. Also genau das erlebst, was mir bei meinem Start als Teilzeitführungskraft gefehlt hat. Immer mit dem Ziel, dass du daraus das für dich und deinen Kontext passende Modell entwickeln kannst.

#1 Es gibt sie, die erfolgreichen Teilzeitführungskräfte – auch wenn Führung in Teilzeit nicht die Norm ist.

#2 Die Frage ist also nicht, *ob* Führung in Teilzeit funktionieren kann, sondern *wie*.

#3 Dafür gibt es nicht das eine Patentrezept, sondern Best Practices passend zu dir und deiner beruflichen Situation.

TEIL I

Teilzeit als Arbeits- und Lebensmodell der Zukunft

Bevor wir darüber sprechen, wie Führung in Teilzeit funktionieren kann, möchte ich einen Blick auf die Hintergründe werfen. Warum ist das Thema Teilzeit heute so wichtig wie nie zuvor? Wieso profitieren nicht nur Arbeitsnehmer:innen von flexiblen Arbeitsmodellen, sondern auch Arbeitgeber? Und wer hat eigentlich alles Interesse an Teilzeitmodellen? Bei der Beantwortung dieser Fragen werden wir feststellen, dass Teilzeit inzwischen für viele Menschen ein Thema ist, egal ob sie Care-Verantwortung tragen oder nicht. Gleichzeitig sind Karrierechancen und Care-Arbeit, sich also um jemanden zu kümmern, natürlich eng miteinander verwoben – insbesondere für Mütter. Als (potenzielle) Teilzeitführungskraft nimmst du aus diesem Kapitel wichtige Informationen mit, die dir helfen, dein Arbeitsmodell bei (d)einem Arbeitgeber besser zu vermarkten, und dir gleichzeitig zeigen, was dein Privatleben mit deinem Erfolg als Teilzeitführungskraft zu tun hat.

1 Willkommen am Arbeitnehmermarkt – Teilzeit als Chance für Arbeitnehmer:innen und Arbeitgeber

Warum ist das Thema so wichtig?

Als ich in meine Rolle als Teilzeitführungskraft gestartet bin, habe ich es als großes Entgegenkommen meines Arbeitgebers verstanden, Karriere und Familie miteinander vereinbaren zu dürfen. Ich war unglaublich dankbar und wollte zeigen, dass mein Modell funktioniert – denn das mir entgegengebrachte Vertrauen wollte ich keinesfalls enttäuschen. Heute sehe ich das ein bisschen anders. Mitte der 2000er waren Jobs Mangelware. Die Arbeitslosenquote lag bei 11,7 Prozent, und es gab fast fünf Millionen Arbeitslose in Deutschland.[6] Verglichen mit heute war die Lage für mittelmäßige Studienabsolventen wie mich also alles andere als rosig. Bis ich den ersten Job ergattert hatte, dauerte es etwas, und gehaltstechnisch lag ich erst mal ziemlich weit unten. Meine Karriere ist in den folgenden Jahren gut in Schwung gekommen – so ganz sicher, dass es immer weiter bergauf gehen würde, war ich mir dennoch nie. Diese Erfahrung eines nicht ganz einfachen Berufseinstiegs hat mich und sicher auch viele andere Menschen meiner Generation geprägt. Dazu kam, dass wir in einen von der Babyboomer-Generation geformten Arbeitsmarkt eingetreten sind. Arbeitnehmer:innen aus den besonders geburtenstarken Jahrgängen der Nachkriegszeit waren immer im Überfluss vorhanden – wer Karriere machen wollte, musste sich hinten anstellen und vor allem Durchhaltevermögen an den Tag legen. Auch die Arbeitskultur unterschied sich in vielerlei Hinsicht von der Situation heute. Was der oder die Chef:in sagte, war gesetzt. Etwas überspitzt lautete die Devise erst mal: Klappe halten und ranklotzen. Dann durfte man früher oder später vielleicht auch mal mitreden.

Heute sieht die Sache ganz anders aus. Mit 5,3 Prozent ist die Arbeitslosenquote auf dem niedrigsten Level seit der Wiedervereinigung.[7] Gleichzeitig erreichte die Fachkräftelücke im Jahr 2022 mit 630 000 ein neues Rekordhoch.[8] Bereits heute gibt über die Hälfte aller Unternehmen an, keine passenden Arbeitskräfte mehr zu finden.[9] Und ein Ende dieser

Entwicklung ist nicht abzusehen. Das liegt daran, dass die Babyboomer in den nächsten zehn Jahren in Rente gehen und eine riesige Lücke auf dem Arbeitsmarkt hinterlassen werden. Die Bundesregierung rechnet bis 2035 mit bis zu sieben Millionen fehlenden Fachkräften.[10] Und diese Lücke kann nicht allein durch die folgenden Generationen gefüllt werden, da die nachkommenden Jahreskohorten bei Weitem nicht mit den Wirtschaftswunderjahrgängen mithalten können. Gleichzeitig steigt die Teilzeitquote seit Jahren, und die Bedeutung von Erwerbsarbeit in unserer Gesellschaft scheint sich gerade massiv zu verändern. Als Erwerbsarbeit wird bezahlte Arbeit bezeichnet – also beispielsweise die Arbeit in Festanstellung oder als Selbstständige:r. Die aktuellen Diskussionen um die 4-Tage-Woche oder die Arbeitseinstellung der Gen Z – der Nachfolgegeneration der Millennials, also der zwischen 1997 und 2012 Geborenen – zeigen, dass hier etwas in Bewegung geraten ist.

Seitens Politik und Wirtschaft gibt es viele Vorschläge, wie dem Problem entgegengewirkt werden kann. Zuwanderung ist ein Thema, die Diskussion um die Erhöhung der Regelaltersgrenze und der Wochenarbeitszeit ein anderes. Gleichzeitig ist klar, dass wir alle Menschen am Arbeitsmarkt teilhaben lassen müssen, die das gern möchten – und zwar unabhängig davon, ob in Voll- oder Teilzeit. Denn das ist gegenwärtig nicht annähernd der Fall. Wir haben reihenweise qualifiziertes Personal zu Hause oder am Spielplatz sitzen. Und nicht alle dieser Frauen (und inzwischen teilweise auch Männer) haben sich diesen Weg ausgesucht. So wollen Mütter in Deutschland gern mehr arbeiten, als es ihnen tatsächlich möglich ist. Gut ein Viertel aller Mütter geht keinem Beruf nach, offenbar oft unfreiwillig; nur etwa zwölf Prozent wünschen sich tatsächlich keine Erwerbstätigkeit für sich. Wenn sie einen Job haben, arbeiten Mütter zudem häufig gegen ihren Willen in geringen Teilzeitquoten: Gut 21 Prozent sind weniger als 20 Stunden die Woche in ihrem Beruf beschäftigt, ein so kleines Stundenpensum wünschen sich dagegen lediglich zwölf Prozent der Mütter.[11] Würden allein die Frauen, die ungewollt in geringen Teilzeitquoten arbeiten, ihr Arbeitszeitvolumen um nur zehn Prozent steigern, hätten wir auf einen Schlag 400 000 Arbeitskräfte mehr.[12] In diesem Buch geht es jedoch nicht nur um die Gruppe der Mütter und Eltern-Teilzeit ist heute ein Thema für junge und ältere Menschen, für Menschen mit und ohne Care-Verantwortung. Fakt ist: Viele Länder in Europa haben ein Problem, darunter auch Deutschland, Österreich und die Schweiz.[13] Denn trotz wachsender Engpässe am Arbeitsmarkt scheint es nicht zu gelingen, alle arbeitswilligen Menschen in Arbeit zu bringen.

Wenn wir über Führung sprechen, müssen wir außerdem einen weiteren Aspekt mit in Betracht ziehen: Immer weniger Menschen wollen Führungsaufgaben übernehmen. Nur noch 14 Prozent aller Mitarbeitenden geben an, dass sie gern Führungskraft werden wollen.[14] Und auch andere Studien lassen vermuten, dass dieses Zielbild für viele Menschen unattraktiv geworden ist. Über die Gründe lässt sich spekulieren – die immense Arbeitslast und das hohe zeitliche Engagement spielen dabei neben den vielfältigen Anforderungen an Führungskräfte ganz sicher eine Rolle. Gleichzeitig müssen Führungskräfte in Zeiten hoher Unsicherheit auch menschlich Höchstleistung bringen. Kriege, Wirtschaftskrisen und der Klimawandel belasten viele Menschen und Unternehmen. Unsere Welt ist fragiler geworden. Führungskräfte müssen die eigene Unsicherheit aushalten und gleichzeitig anderen Sicherheit vermitteln – ein schwieriger Spagat. Auch hier können Teilzeitmodelle für Führungskräfte beispielsweise durch die Teilung von Führungsverantwortung Abhilfe schaffen, Führung wieder attraktiver und Führungspositionen für Mitarbeitergruppen abseits der Vollzeitnorm zugänglich machen.

Welche Chancen stecken für Unternehmen und Teilzeitführungskräfte in dieser Entwicklung?

Dass sich etwas ändern muss, haben auch viele Unternehmen bereits erkannt. Adressiert werden bisher vor allem Eltern als neue Zielgruppe, denn Familienfreundlichkeit ist ein Label, das sich viele Arbeitgeber inzwischen gern zuschreiben lassen. Ein Großteil aller Unternehmen weiß, dass familienfreundliche Maßnahmen wie flexible Arbeitsmodelle wichtig sind, damit Beschäftigte mit familiären Verpflichtungen ihre vertragliche Arbeitszeit aufrechterhalten beziehungsweise aufstocken können. Demgegenüber stehen 94 Prozent der Beschäftigten mit Kindern, für die diese familienfreundlichen Maßnahmen bei einem Arbeitgeber relevant sind. Aber auch ein Großteil der Mitarbeitenden ohne Care-Verantwortung empfindet das Thema Familienfreundlichkeit als wichtig.[15]

Arbeitgebende können durch ein familienfreundliches Branding erfahrene Mitarbeitende an ihr Unternehmen binden und ihre Arbeitgebermarke stärken. Gleichzeitig gewinnen sie mit dem Angebot flexibler Karrierewege auch oft sehr loyale Mitarbeitende – die sich bei den Unternehmen durch jahrelange Treue und hohe Produktivität »bedanken«. In einer Studie haben 63 Prozent der befragten Führungskräfte angegeben, dass sie durch die Nutzung flexibler Arbeitsmodelle motivierter sind. 58 Prozent waren der Meinung, dass sich ihre Produktivität gesteigert hat, und weitere 57 Prozent sahen einen Anstieg der Kreativität im Job.[16]

Gerade für mittelständische und kleine Betriebe kann eine familienfreundliche Arbeitgebermarke die Chance sein, sich gegen die Konkurrenz am Arbeitgebermarkt abzusetzen und erfahrene Mitarbeitende langfristig ans Unternehmen zu binden. Denn sie können in Ballungsräumen oft nicht mit den Gehältern von Konzernen konkurrieren oder haben aufgrund ihrer geografischen Lage Schwierigkeiten, ausreichend qualifizierte

Mitarbeitende anzuziehen. Das alles zeigt, dass das Angebot von Führungspositionen in Teilzeit schon lange kein einseitiges Zugeständnis des Unternehmens an die Mitarbeitenden ist. Führung in Teilzeit und generell Vereinbarkeit sind heute Teil einer soliden Fachkräftesicherungsstrategie und ein wichtiger Employer-Branding-Faktor.

Kiki Radicke leitet den Bereich People and Culture bei Adacor, einem mittelständischen IT-Unternehmen. Sie erzählt im Interview, welche Vorteile eine gelungene Vereinbarkeit für das Unternehmen und die Mitarbeitenden hat.

Johanna: Was versteht ihr im Unternehmen unter Vereinbarkeit?
Kiki: Für uns bedeutet Vereinbarkeit, dass wir – egal, wo die Kolleg:innen gerade im Leben stehen – Angebote machen, die dabei unterstützen, Privatleben und Beruf unter einen Hut zu bekommen. Wir möchten als Unternehmen Partner sein und richten unsere Maßnahmen und Angebote an den Bedürfnissen der Kolleg:innen aus.

Für mich persönlich heißt Vereinbarkeit, dass ich mich nicht zwischen Karriere und Privatleben entscheiden muss, sondern in beiden Bereichen erfolgreich sein kann. Familie und Elternzeit werden nicht als Karrierekiller gesehen, sondern als Teil der persönlichen Weiterentwicklung anerkannt. In dieser Zeit erwerben Mitarbeitende neue Skills, die sie positiv in ihr Berufsleben einbringen. Damit kann Elternzeit zu einem echten Benefit für Unternehmen werden.
Johanna: Was für ein Unternehmen ist Adacor?
Kiki: Wir sind ein mittelständisches Unternehmen mit etwas über 70 Mitarbeitenden, sitzen in Offenbach und begleiten Unternehmen auf ihrer Cloud Journey, das heißt, wir helfen ihnen dabei, ihre Prozesse und Geschäftsmodelle zu digitalisieren, und sind besonders stark in den Themen Compliance für Banken oder den Health-Bereich.
Johanna: Wie ist es dazu gekommen, dass das Thema Vereinbarkeit bei euch so präsent ist?
Kiki: Unsere Gründer haben alle auch Familie, daher besteht seit Beginn ein ausgeprägtes Verständnis für dieses Thema innerhalb der Geschäftsführung, was sich in einem starken Engagement für die Förderung von

Familienfreundlichkeit widerspiegelt. Um Fachkräfte konkurrieren wir in Frankfurt mit den namhaften Unternehmen und großen Banken, was bedeutet, dass wir uns als Arbeitgeber differenzieren müssen. Unser Alleinstellungsmerkmal haben wir in der Förderung von Vereinbarkeit gefunden.

Wir sind also ein passender Partner für Mitarbeitende, wenn es darum geht, den Fokus von der ausschließlichen Karriereentwicklung hin zum ausgewogenen Zusammenspiel von Privatleben und Beruf zu verändern. Bei Adacor ist Karriere im Einklang mit Familie möglich – für Frauen wie für Männer. Gleichzeitig erkennen wir, dass das Thema Vereinbarkeit für Mitarbeitende und potenzielle Bewerber:innen von immer größerer Bedeutung ist.

Johanna: Ihr sagt über euch, dass ihr die Elternzeit in die Karriere integriert. Kannst du berichten, wie es dazu gekommen ist, dass ihr euch gerade dem Thema Elternzeit gewidmet habt und was ihr hier anders macht als andere?

Kiki: Die Inspiration stammt aus einem Gespräch mit zwei Frauen außerhalb von Adacor, die mir über ihre Sorge berichteten, in der Karriereentwicklung ihres Unternehmens nicht mehr berücksichtigt zu werden. Sie hatten das Gefühl, unter dem »Generalverdacht des Kinderkriegens« zu stehen, und sahen den Wiedereinstieg nach der Elternzeit als eine undurchsichtige Blackbox an.

Diese Erfahrungen haben uns gezeigt, dass wir bei Adacor einen anderen Weg einschlagen wollen. Um die Bedürfnisse unserer Mitarbeitenden besser zu verstehen, haben wir einen Workshop organisiert, um ihre Wünsche, Sorgen und Ideen im Zusammenhang mit längeren Auszeiten wie Elternzeit oder Sabbatical zu ermitteln.

Die Ergebnisse dieses Workshops führten zur Entwicklung eines Elternzeitprozesses mit klaren Checklisten und Prozessen, die unsere Mitarbeitenden während dieser Phase unterstützen. Ein zentraler Bestandteil ist das Karrieregespräch, das zu Beginn des Prozesses stattfindet und die beruflichen Pläne der Person nach der Rückkehr thematisiert. So vermitteln wir unseren Mitarbeitenden die Sicherheit, dass wir an ihrer Seite stehen und sie flexibel in ihrer jeweiligen Lebensphase unterstützen.

Darüber hinaus ermöglichen wir bereits vor der Elternzeit, Weichen für den Wiedereinstieg zu stellen, etwa durch einen Rollenwechsel. Nach der

Rückkehr supporten wir mit einem flexiblen Einstieg. Auf diese Weise entsteht eine gemeinsame Zukunftsplanung, die unseren Mitarbeitenden die Integration von Familie und Beruf erleichtert.

Über diesen QR-Code kommst du direkt zum ganzen Gespräch im Podcast!

Das Beispiel von Adacor zeigt: Neben den Unternehmen profitieren auch die Mitarbeitenden von mehr Familienfreundlichkeit. Für sie bedeutet es oft eine bessere Vereinbarkeit von Kindern und Karriere oder mehr Zeit für pflegebedürftige Angehörige. Ich habe es sehr geschätzt, meine Kinder an zwei Nachmittagen in der Woche auf den Spielplatz begleiten oder mit ihnen zum Sport gehen zu können. Fester Bestandteil des Alltagslebens der Kinder zu sein und gleichzeitig meine Karriere voranzubringen war für mich der größte Vorteil an der Rolle als Teilzeitführungskraft. Allerdings habe ich auch gemerkt, wie viel Kraft dieser Wechsel zwischen extremer Effizienz und Zielgerichtetheit sowie Ziellosigkeit gepaart mit maximaler Langsamkeit mich gerade mit sehr kleinen Kindern oft gekostet hat. Dennoch glaube ich, dass mich dieser Spagat zur besseren Führungskraft gemacht hat – denn der Blick auf beide Welten ordnet Themen im beruflichen Kontext oft anders ein. Er nimmt beruflichen Herausforderungen und Problemen ein Stück weit die Brisanz und ermöglicht ein ganz neues Level an Empathie. Angstgetrieben treffen wir schlechte Entscheidungen und werden auch für unser Umfeld schwierig zu handeln. Viel zu oft habe ich als junge Projektleiterin schlecht geschlafen, weil mich eine berufliche Frage beschäftigt hat oder ich mir Sorgen über den Verlauf eines Projektes gemacht habe. Mit den Kindern war das vorbei – es gab wichtigere Dinge in meinem Leben. Und das ist gar nicht negativ gemeint, durch die Familiengründung hat sich für mich eher eine gesunde, ausgewogene Einordnung der Dinge entwickelt. Arbeit ist wichtig, meine Kinder sind mir wichtiger. Aber Teilzeit ist nicht immer mit Kindern verknüpft, auch wenn das meinem Erfahrungshorizont entspricht. Für einige ermöglicht Karriere in Teilzeit eine berufsbegleitende Weiterbildung, andere erfüllen sich den

Wunsch nach einem Side-Business, schaffen Raum für ehrenamtliches Engagement oder kümmern sich um pflegebedürftige Angehörige.

Aber noch einmal zurück zur Arbeitgeberperspektive. Ganz umsonst gibt es diese Vorteile für Unternehmen nicht: Sie müssen sich dafür mit der Teilzeitfreundlichkeit ihrer Strukturen und der Unternehmenskultur auseinandersetzen, denn das sind zwei wichtige Stellschrauben auf Unternehmensseite. Das bedeutet, Zeit und Energie in das Thema zu investieren. Und auch wenn dieses Buch sich an Teilzeitführungskräfte und nicht in erster Linie an Unternehmen richtet, wirst du auf den folgenden Seiten immer wieder auf Beispiele stoßen, was auch Unternehmen tun können, um Führung in Teilzeit zu unterstützen.

Prof. Dr. Anja Karlshaus hat mit *Teilzeitführung* das Standardwerk zum Thema herausgegeben. Mit ihr habe ich über ihre Key Learnings gesprochen und darüber, was Unternehmen tun müssen, damit das Konzept sich durchsetzen kann.

Johanna: Wie bist du zur Teilzeitführung gekommen, und warum befasst du dich bis heute immer wieder damit?
Anja: Zum ersten Berührungspunkt mit dem Thema ist es tatsächlich in der Praxis gekommen. Während meiner Anstellung in einem Unternehmen und nach der Geburt meiner ersten Tochter habe ich erfahren, wie eine Umstellung von einer Vollzeit- auf eine Teilzeitposition verläuft. Als ich damals rasch wieder in den Arbeitsalltag zurückkehrte, erlebte ich die vielfältigen Herausforderungen, die sowohl für das Unternehmen als auch für die teilzeitbeschäftigte Führungskräfte entstehen.

Mir ist bewusst, welchen zusätzlichen Aufwand und welche Komplexität es für ein Unternehmen bedeutet, Teilzeitführung zu integrieren. Gleichzeitig betrachte ich das Thema als zukunftsweisend. Im Familienbericht NRW wird betont, dass eines der größten Probleme im Führungskräftebereich heutzutage nicht mehr nur finanzieller Natur ist, sondern vor allen Dingen auch das Thema Zeit betrifft. Zeit für Familie, Zeit für das Leben. Mit mittlerweile vier Kindern motiviert mich der Wunsch, dazu beizutragen, dass die Vereinbarkeit von Karriere und Privatleben künftig besser gelingt.

Johanna: Was sind deine Key Learnings, die du aus der eigenen Erfahrung und der wissenschaftlichen Betrachtung des Themas mitgenommen hast?
Anja: Zunächst einmal möchte ich betonen, dass Teilzeit ein relatives Konzept ist. Wie definiert sich eigentlich Teilzeitführung? Im europäischen Vergleich gibt es unterschiedliche Standards einer Normarbeitszeit. Personen, die in Deutschland beispielsweise 80 oder 90 Prozent arbeiten, gelten in anderen Ländern möglicherweise bereits als Vollzeitkraft. Dies ist nur ein Aspekt.

Zudem erlebe ich, dass es in der Praxis immer noch oft an der Umsetzung hapert. Einen Vollzeitvertrag einfach durch einen Teilzeitvertrag zu ersetzen – das reicht nicht aus. Da braucht es mehr, damit Teilzeitführung im Unternehmen funktioniert. Es bedarf vor allem einer entsprechenden Unternehmens- und Führungskultur, damit das Modell erfolgreich etabliert werden kann. Dies erfordert oft auch Zeit, insbesondere in Deutschland, wo eine starke Präsenzkultur vorherrscht. Auf der anderen Seite benötigen Unternehmen möglicherweise auch einfach andere Prozesse oder IT-Tools – vor allem wenn Teilzeitführung in Form eines Topsharing-Modells umgesetzt wird. Die Idee, zwei Führungskräfte auf einer Position zu haben, lässt sich teilweise nicht nahtlos in bestehenden Systemen integrieren und abbilden. Zusätzlich stoßen wir im Bereich der Weiterbildung zum Teil auf Trainingsangebote, die ausschließlich auf Vollzeit ausgerichtet sind. Sogar vermeintliche Kleinigkeiten, wie Meetings, die außerhalb eines gewissen Arbeitszeitkorridors stattfinden, können zu einer unintendierten Diskriminierung führen. All das sind Punkte, die man aktiv als Unternehmen angehen muss. Denn von ganz allein kommt eine erfolgreiche Teilzeitführung nicht zustande.
Johanna: Was können Unternehmen konkret tun, damit es mit der Umsetzung besser klappt?
Anja: Es beginnt damit, eine gründliche Analyse der eigenen Situation durchzuführen, da Teilzeitführung ein äußerst vielschichtiges Konzept ist. Sie kann in verschiedenen Formen auftreten, sei es in einem Topsharing-Modell oder in Stellen mit 50, 60 oder 70 Prozent Arbeitszeit, mit unterschiedlicher Verteilung über die Arbeitstage. In der Praxis gibt es zahlreiche individuell ausgehandelte Modelle. Um herauszufinden, wie ein Unternehmen für all diese Varianten teilzeitfreundlicher werden kann, ist es zunächst wichtig, den Ist-Zustand zu ermitteln. Wie viele Teilzeitführungskräfte gibt es, und in welchen Modellen arbeiten sie? Wie wird

die Teilzeitführung von den eigenen Mitarbeitenden, den Kollegen, den Führungskräften und möglicherweise auch den Kunden wahrgenommen?

Das Ziel sollte darin bestehen, die größten Herausforderungen im Unternehmen zu identifizieren. Diese können sehr unterschiedlich sein. Es ist jedoch generell wichtig – hier kommen wir erneut zur Unternehmens- und Führungskultur –, dass man gerade an diesen vermeintlich weichen Aspekten arbeitet, beispielsweise durch die Entwicklung neuer Führungsleitlinien. Ich halte es für äußerst wichtig, das Thema Teilzeitführung auch mit laufenden anderen Initiativen, Strategien und Unternehmensprojekten zu verknüpfen. Beispielsweise kann das Thema Teilzeit mit Nachhaltigkeitsinitiativen verbunden werden. Wichtig ist aber immer auch die Akzeptanzarbeit, also die Arbeit an den Überzeugungen und Haltungen von Menschen in der Organisation, beispielsweise durch die Präsentation von Rollenvorbildern und ganz viel Kommunikation.

Oft braucht es auch eine Anpassung von Prozessen, und auch da würde ich eine systematische Due Diligence, also eine eingehende Überprüfung der Prozesse und Strukturen, empfehlen, um sich genau anzuschauen, wie die Dinge tatsächlich laufen. Zum Beispiel: Sind unsere Meetings teilzeitfreundlich gestaltet? Wann finden sie statt? Sind unsere Schulungen so konzipiert, dass sie auch in Teilzeit absolviert werden können? Oder enthalten sie Elemente, die zu einer schleichenden Benachteiligung von Teilzeitführungskräften führen könnten? Wie sind unsere Mitarbeiterbewertungssysteme gestaltet? Findet hier eine unbeabsichtigte Diskriminierung statt, weil die Kriterien eher auf Zeit und Anwesenheit als auf tatsächliche Leistungsergebnisse abzielen? Wie du siehst, gibt es zahlreiche Ansatzpunkte, die berücksichtigt werden sollten.

Über diesen QR-Code kommst du direkt zum ganzen Gespräch im Podcast!

Was bedeutet das für dich als Teilzeitführungskraft?

Für dich als Teilzeitführungskraft bedeutet das, dass du – anders als ich damals – erhobenen Hauptes in das Gespräch mit (d)einem Arbeitgeber gehen kannst. Falls du aus der Elternzeit zurückkehrst, muss er deine Position nicht neu besetzen und kann eine:n erfahrene:n Mitarbeitende:n wieder im Team willkommen heißen. Trittst du einen neuen Posten an, bist du vielleicht ein:e Mitarbeiter:in, den oder die sich dein Unternehmen in Vollzeit gar nicht leisten könnte. Aber auch wenn dein Zielunternehmen unter vielen Bewerber:innen auswählen kann, brauchst du nicht den Kopf in den Sand zu stecken. Denn auch für große Unternehmen oder Konzerne sind flexible Arbeitsmodelle oft Teil einer Diversity- oder Employer-Branding-Strategie und machen sich gut im Nachhaltigkeitsbericht. Und wenn du der beste Fit auf den Job bist, kann es durchaus auch in Teilzeit klappen!

Trotz all dieser positiven Entwicklungen arbeiten heute immer noch weniger als ein Sechstel aller Führungskräfte in Teilzeit. Unter den Mitarbeitenden ohne Führungsverantwortung ist die Quote etwa doppelt so hoch. Am Beispiel der Mütter habe ich dir eben bereits gezeigt, dass die Arbeitszeitwünsche oft von der Realität abweichen. Und das, obwohl der Bedarf nach Fach- und Führungskräften größer ist als je zuvor. Was ist da also los am Arbeitsmarkt? Ich sehe zwei wesentliche Gründe für diesen Effekt. Zum einen haben viele Unternehmen Respekt vor dem Arbeitsmodell »Führung in Teilzeit«, es fehlt ihnen Wissen darüber, oder sie haben vielleicht sogar schlechte Erfahrungen damit gemacht. Gleichzeitig besteht eine vorsichtige Offenheit oder sogar Neugier auf die Möglichkeit von Führung in Teilzeit, um neue Potenzialträger:innen für das Unternehmen gewinnen und erfahrene Führungskräfte im Unternehmen halten zu können. In diesen Fällen hast du als informierte Teilzeitführungskraft – und das bist du, wenn du dieses Buch gelesen hast – eine gute Chance, das Unternehmen von Führung in Teilzeit zu überzeugen.

Der zweite Grund liegt tiefer und ist schwieriger zu behandeln. Führung in Teilzeit ist für manche etablierte Führungskraft ein Trigger – ich beobachte immer wieder mit Erstaunen, mit welcher Emotionalität und Ablehnung manche Entscheider:innen auf das Thema reagieren. Die Erklärung dafür liegt aus meiner Sicht in der persönlichen Erfahrung.

Diese Menschen, oft Angehörige der Boomer-Generation, haben sich in einem System hochgearbeitet, das ihnen ein hohes zeitliches Engagement abverlangt hat. Verbunden oft mit persönlichen Opfern – Männer, die wenig davon mitbekommen haben, wie ihre Kinder aufwachsen sind, und Frauen, die für den Job auf eine eigene Familie verzichtet oder unter der Doppelbelastung von Vollzeit- und Care-Arbeit gelitten haben. Dass es solchen Menschen schwerfällt, zu akzeptieren, dass es auch anders gehen kann, liegt auf der Hand.

Hier ist der persönliche Austausch von Erfahrungen und Perspektiven eine erste wichtige Maßnahme – ob die Öffnung für das Modell wirklich gelingt, ist schwierig vorherzusagen. Deshalb gilt es auch anzuerkennen, dass es für viele Arbeitgeber zunächst ein großer Schritt ist, sich auf neue Arbeitszeitmodelle in Führungspositionen einzulassen. Denn Führung in Teilzeit ist nicht nur einfach ein neues Arbeitsmodell, sondern hat Auswirkungen auf die Zusammenarbeit und Kommunikation im Unternehmen. Es ist ein Transformationsprozess, der Aufmerksamkeit und Energie erfordert. Das gilt es als (potenzielle) Teilzeitführungskraft angemessen zu würdigen. Gleichzeitig macht sich dein Arbeitgeber mit dir als vielleicht erster Teilzeitführungskraft auf den Weg – und du kannst ihn durch konkrete Vorschläge und Ideen dabei unterstützen. Wie, erfährst du in Teil II des Buches.

#1 Der Führungs- und Fachkräftemangel wird sich im nächsten Jahrzehnt vor allem durch den demografischen Wandel weiter verschärfen.

#2 Von Karriereoptionen in Teilzeit profitieren Arbeitgebende und Arbeitnehmende gleichermaßen.

#3 Als Bewerber:in mit Teilzeitwunsch kannst du heute selbstbewusst in das Gespräch mit deinem Arbeitgeber gehen – und darfst gleichzeitig anerkennen, dass dein Arbeitgeber sich mit dir auf eine gemeinsame Reise einlässt.

2 Zwischen Lifestyle und Notwendigkeit – Teilzeit ist Trend

Was sind die Gründe für Teilzeitarbeit?

Der Anteil der in Teilzeit Arbeitenden ist auch unter den Führungskräften in den letzten zehn Jahren deutlich angestiegen. Heute sind wir bei etwa 13 Prozent angelangt, während es 2013 noch etwa fünf Prozent waren.[17] Für den Wunsch nach Teilzeitarbeit gibt es ganz unterschiedliche Gründe. Noch immer ist zu beobachten, dass in erster Linie Frauen für die Kinderbetreuung zuständig sind. Sobald Kinder da sind, sind veraltete Rollenbilder in Familien die Hauptursache für Teilzeitarbeit – insbesondere bei Frauen. In der Praxis bringt das viele Probleme mit sich. Frauen im gebärfähigen Alter werden am Arbeitsmarkt diskriminiert und Männer, die Elternzeit nehmen möchten, von ihren Chefs müde belächelt. Doch auch für diejenigen, die keine Kinder oder pflegebedürftigen Angehörigen haben und trotzdem ihre Arbeitszeit reduzieren möchten, ist die Situation keine ganz einfache. Denn so einen wirklich guten Grund haben sie ja dafür nicht, oder?

Kurzum – wir brauchen in der Diskussion ums Thema Teilzeit unbedingt mehr Zahlen, Daten und Fakten und weniger Bauchgefühl. Ein Blick in die Statistik fördert Interessantes zutage: Mehr als die Hälfte der Teilzeitarbeitenden gibt den »unbegründeten« Wunsch nach Teilzeitarbeit oder andere Ursachen an, Kinder oder pflegebedürftige Angehörige spielen nur bei gut einem Viertel der Teilzeitarbeitenden eine Rolle. Der dritthäufigste Grund für Teilzeitarbeit ist eine nebenberufliche Aus- oder Weiterbildung. Gleichzeitig ist wichtig zu wissen, dass dieses Bild zwischen Männern und Frauen stark differiert. Während Care-Arbeit bei Frauen immer noch der häufigste Anlass für Teilzeitarbeit ist, ist bei Männern der »unbegründete« Wunsch nach einer Teilzeittätigkeit knapp vor Aus- und Weiterbildung das am öftesten genannte Argument für eine Teilzeitstelle.[18]

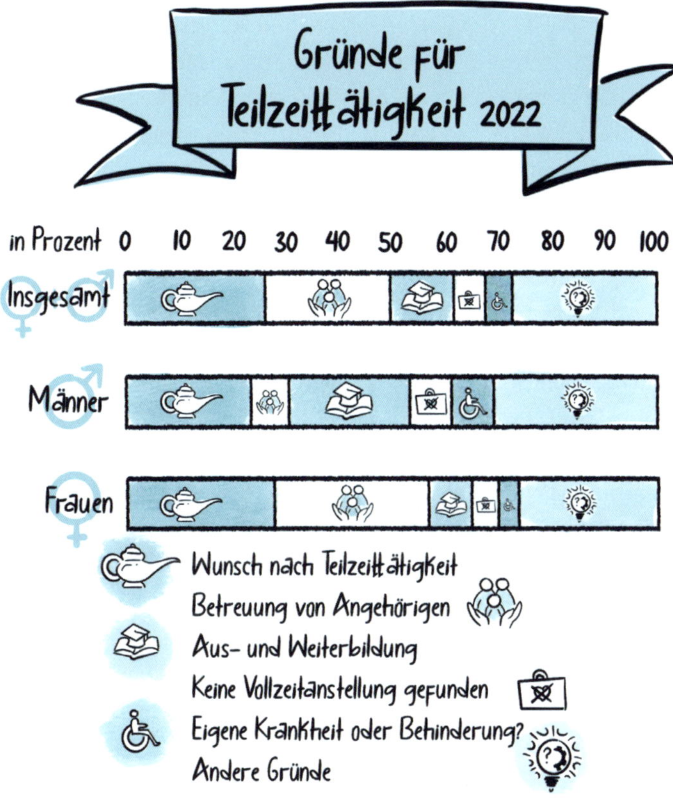

Hinter dem Konzept Teilzeit stecken somit unterschiedliche Gruppen, die jeweils unterschiedliche Anforderungen an die Gestaltung von Teilzeitarbeit haben. Eltern haben andere Bedürfnisse als beispielsweise Mitarbeiter:innen, die sich nebenberuflich weiterbilden. Menschen mit Care-Verantwortung benötigen oft eine hohe Planbarkeit ihres beruflichen Engagements und sind häufig weniger spontan, wenn es beispielsweise um Dienstreisen geht. Gleichzeitig brauchen sie oft eine hohe Flexibilität seitens des Arbeitgebers, zum Beispiel wenn ein Kind krank ist oder die Kita streikt. Weiterbildungen hingegen sind in der Regel gut planbar, und Arbeitgeber und Arbeitnehmer:innen können sich in Ruhe gemeinsam überlegen, wie mit der Situation umgegangen werden kann. Pflege hingegen bedeutet das glatte Gegenteil – denn in Vergleich zu Kindern kündigt sich der Pflegebedarf eines Angehörigen nicht immer an. Mitarbeitende brauchen hier die Flexibilität, jederzeit und kurzfristig kürzertreten zu können oder phasenweise ganz aus dem Job auszusteigen. Zugegeben, das macht das ganze Thema für Arbeitgebende komplex.

Aber zurück zu den Zahlen: Blickt man auf die Gruppe der Führungskräfte, sieht das Bild wieder etwas anders aus. Denn Führung in Teilzeit ist immer noch weiblich – nur drei Prozent aller männlichen Führungskräfte arbeitet in Teilzeit. Zum Vergleich: Bei den Frauen sind es um die 30 Prozent.[19] Studien zeigen auch, dass Kinder oder betreuungsbedürftige Angehörige bei Teilzeitführungskräften häufiger als Grund für die Teilzeit angegeben werden als unter Mitarbeitenden ohne Führungsverantwortung.[20] Kurz: Je weiter es die Karriereleiter nach oben geht, desto starrer die Rollenbilder und Stereotype. Der Blick in die Chefetagen vieler Unternehmen bestätigt dieses Bild. Noch 2017 gab es mehr Thomasse und Michaels als Frauen in deutschen Vorständen. Erst 2019 änderte sich dieses Bild – wobei der Frauenanteil mit 17 Prozent immer noch zu wünschen übrig lässt.[21]

Welche grundlegenden Probleme werden hier sichtbar?

Werfen wir einen Blick auf die Ursachen für den zunehmenden Teilzeitwunsch. Woher kommt dieser Trend zur – vermeintlich – unbegründeten Teilzeit? Im Kontext des gesellschaftlichen Wertewandels und der Digitalisierung lassen sich einige Vermutungen darüber anstellen, was dahintersteckt. Dass viele Menschen auf der Suche nach Sinn und Erfüllung außerhalb ihres primäres Erwerbsjobs sind, der für sie diesen Zweck nicht erfüllt, ist kein Geheimnis. Jüngere Generationen wünschen sich eine bessere Life-Balance, als sie bei ihren Eltern und Großeltern erlebt haben. Ich spreche im Buch übrigens bewusst von Life-Balance. Der Begriff »Work-Life-Balance« impliziert, dass Arbeit außerhalb des Lebens stattfindet, außerdem ist damit meist nur Erwerbsarbeit gemeint – Care-Arbeit bleibt unsichtbar. Bei den Vorgängergenerationen war diese Balance oft massiv in Richtung Beruf gewichtet – und dieses Lebensmodell scheint bei vielen jüngeren Menschen nicht mehr als Vorbild zu taugen. Das hat auch mit den Zukunftsaussichten der jüngeren Generationen zu tun, die von multiplen Krisen geprägt sind. Um es mit den Worten der Journalistin, Autorin und Digitalstrategin Sara Weber zu sagen: »Die Welt geht unter, und ich muss trotzdem arbeiten?«[22] Diese Haltung spiegelt sich auch in den Zahlen wider: Nur noch knapp die Hälfte der unter 30-Jährigen möchte gerne in Vollzeit arbeiten – das sind fast 15 Prozent weniger als noch 2017.[23]

Gleichzeitig wissen wir, dass die Digitalisierung die Art und Weise, wie wir arbeiten, verändert hat. Wir sind heute so produktiv wie nie zuvor. Und trotzdem sind wir weit entfernt von der 15-Stunde-Woche, wie sie der Ökonom John Maynard Keynes vor knapp 100 Jahren für die 2030er-Jahre vorhergesagt hat.[24] Anstatt uns also über den Umgang mit unserer Freizeit Gedanken zu machen, pfeifen viele von uns aus dem letzten Loch. Wir arbeiten nicht weniger, sondern oft mehr und schneller. Das hat neben der technischen Entwicklung auch mit der zunehmenden Beteiligung von Frauen am Arbeitsmarkt zu tun. Denn mit diesem Faktor hatte Keynes nicht gerechnet. Die steigende Erwerbsbeteiligung von Frauen seit den 1970er-Jahren hat dazu geführt, dass die auf die Familien insgesamt entfallenden Arbeitszeiten gestiegen sind und insbesondere bei Müttern die Doppelbelastung aus Care- und Erwerbsarbeit entstanden ist. Der Grund: Parallel zum Einstieg der Frauen in die Erwerbsarbeit ist eines nicht ausreichend passiert – nämlich eine Reduzierung der Arbeitszeiten von Männern in Verbindung mit der Übernahme eines größeren Anteils der Care-Arbeit.[25]

In Kombination mit der Zukunftsangst vieler Menschen durch den Krieg in Europa und die Folgen der Pandemie hat sich ein unguter Mix entwickelt, der unter anderem dazu geführt hat, dass psychische Belastungen weiter zugenommen haben. 2023 waren psychische Erkrankungen bereits der dritthäufigste Grund für eine Krankschreibung, nur noch getoppt von Erkältungskrankheiten.[26] Andere Studien zeigen, dass genau diese Situation zum zunehmenden Wunsch nach Teilzeit beiträgt. Ein beachtlicher Anteil der Befragten gibt an, Vollzeit mental nicht zu schaffen.[27]

Bevor jetzt jemand die Frauen als Schuldige dieser Entwicklung ausmacht: Der Grund dafür, dass wir heute mehr arbeiten, als vor 100 Jahren von Ökonomen vorhergesagt wurde, ist der gestiegene Konsum. Viele Länder der westlichen Welt sind heute fünfmal so reich wie vor knapp 100 Jahren. Schuld an der Misere sind also nicht die Frauen, sondern unser konsumintensiver Lebensstil. Anstatt die gewonnene Zeit in Freizeit »zu investieren«, haben wir einen anderen Weg eingeschlagen. Aber keine Panik, es gibt einen Ausweg. Und der hat was mit Teilzeit zu tun. Die 4-Tage-Woche wird nicht umsonst aktuell so heiß diskutiert wie nie zuvor. Schon im letzten Jahrhundert haben Feldversuche nachgewiesen, dass lange Arbeitstage und Produktivität nicht Hand in Hand gehen, und Studien haben immer wieder gezeigt, dass eine Reduzierung von Arbeitszeiten nicht gleichbedeutend mit einem entsprechenden Produktivitätsverlust ist.[28] Stattdessen verzeichnen Unternehmen bei einer höheren Arbeitszufriedenheit sogar höhere Einnahmen.[29] Die Lösung liegt also nicht darin, dass wir die Frauen wieder an den Herd verbannen, sondern in einer Reduzierung der individuellen Arbeitszeiten. Teilzeit für Männern und Frauen ist sicher nicht die einzige, aber eine wichtige Antwort auf die Herausforderungen unserer Zeit. Denn damit würden wir viele Probleme adressieren – vom Thema psychische Belastungen oder die Un-Gleichstellung über die alternde Bevölkerung bis hin zum Klimawandel. Denn weniger (Erwerbs-)Arbeit auf der individuellen Ebene bedeutet die Möglichkeit einer fairen Verteilung von Care- und Erwerbsarbeit zwischen den Geschlechtern und Generationen, weniger Konsum und CO_2-Emissionen sowie weniger Stress.[30] Kurz: Wer Teilzeit arbeitet, macht ziemlich viel richtig.

Mit Nora Jansen habe ich darüber gesprochen, warum auch sie sich dazu entschied, ihre Arbeitszeit zu reduzieren, und welche Erfahrungen sie damit auf dem Arbeitsmarkt gemacht hat.

Johanna: Was hat dich bewogen, deine Konzernkarriere zu beenden?
Nora: Ich habe mich nach einigen persönlichen Schicksalsschlägen immer weniger wohlgefühlt in der Welt der Anzugträger und des kapitalistischen Denkens. Ich sehnte mich nach einem Arbeitsumfeld und Kolleg:innen, die mit Freude und Enthusiasmus in einem Team zusammen etwas erreichen wollen, das etwas Gutes für unsere Gesellschaft bewirkt. Zudem wollte ich mehr Zeit für mich, meine Freunde, Natur und Sport. In einem mehrwöchigen Aufenthalt in einer psychosomatischen ambulanten Reha wurde mir bewusst, dass es Zeit für mich ist, loszulassen.
Johanna: Welche Vorteile versprichst du dir von einer Führungsposition in Teilzeit?

Nora: Ich habe in meinem Leben gelernt, dass ich in allem, was ich tue, einen Gegenpol oder Ausgleich brauche. Ich liebe es zu arbeiten und etwas gemeinsam mit meinem Team zu erschaffen, aber ich brauche auch Ruhe, Sport und Natur, um Energie zu tanken. Und das gern täglich. Am Ende profitiert doch jede:r von einer Führungskraft in Balance – das Unternehmen, die Mitarbeitenden und ich.
Johanna: Welchen Vorurteilen begegnest du privat, aber auch in Unternehmen in Bezug auf deinen Wunsch?
Nora: Mein privates Umfeld ist gewohnt, dass ich »anders« denke und das »Normale« hinterfrage, daher habe ich hier sehr viel Zuspruch erhalten und kaum kritische Stimmen vernommen. Im entfernteren Bekanntenkreis habe ich mitbekommen, dass Worte wie »faul« oder »so was geht doch gar nicht« gefallen sind. Mir wurde von mehreren Personaler:innen im Bewerbungsprozess gesagt, dass man glaubt, dass ich nicht so belastbar sei und der Menge an Arbeit mit 80 Prozent nicht gerecht werden könne.
Johanna: Was würdest du dir von Unternehmen stattdessen wünschen? Was von deinem privaten Umfeld?
Nora: Dass Unternehmen sich öffnen und testen. Einfach mal ausprobieren, eine Führungsposition in Teil- und Vollzeit ausschreiben und schauen, welche Personen sich bewerben. Und auch Optionen wie Jobsharing in Betracht ziehen. Ich habe so viele top qualifizierte Frauen kennengelernt, die wie ich gern eine verantwortungsvolle Aufgabe in Teilzeit antreten wollen, aber kaum eine Chance bekommen, gerade wenn sie sich extern auf Stellen bewerben.

Für mein privates Umfeld wünsche ich mir, dass die Leute offener über ihre Wünsche und Belange im Job sprechen. Löst euch von dem Gedanken: »Nur wer viel und hart arbeitet, ist etwas wert«. Es ist keine Schwäche, zu sagen: »Ich brauche Zeit für mich«. Nur wenn wir alle offener denken, kann es sich in der Gesellschaft festigen.

Auf einem Arbeitnehmermarkt bedeutet dieser Trend für Unternehmen, dass sie sich darauf einstellen und umdenken müssen. Teilzeit ist ein Arbeitsmodell der Zukunft, auch wenn manche Arbeitgebervertreter oder Politikerinnen immer noch einem industriellen Weltbild anhängen und die 42-Stunden-Woche fordern – eigentlich ist klar, dass wir neue

Konzepte brauchen. Einen linearen Zusammenhang zwischen Arbeitszeit und Produktivität anzunehmen, passt schon lange nicht mehr auf viele Jobprofile. Gleichzeitig sehen wir in den sogenannten Blue-Collar-Berufen, in denen die körperliche Arbeit abseits des Schreibtisches im Vordergrund steht, dass die Forderung nach einer Reduzierung der Wochenarbeitszeit besonders laut geäußert oder bereits umgesetzt wird. In der Pflegebranche beispielsweise haben sich durch den Arbeitnehmermangel vielerorts die Arbeitsbedingungen massiv verschlechtert. An einer groß angelegten Studie zu einer 4-Tage-Woche mit vollem Lohnausgleich beispielsweise nehmen 2024 auch Unternehmen aus Handwerk und Industrie sowie Gesundheitsanbieter teil.[31] Meine These ist, dass eine Reduzierung der Wochenarbeitszeit dabei helfen kann, diese Berufe wieder attraktiver zu machen und so der Negativentwicklung entgegenzuwirken.

In Industrie, Handel oder Dienstleistung haben bereits sehr viele Unternehmen Schwierigkeiten, offene Stellen zu besetzen. Gleichzeitig stehen auch hier bei fast der Hälfte aller Mitarbeitenden flexible Arbeitszeiten auf dem Wunschzettel.[32] Deshalb glaube ich auch, dass das Menschenbild vieler Politiker:innen und Funktionäre überholt ist. Wer den Menschen pauschal Faulheit vorwirft und »Mehr Bock auf Arbeit«[33] fordert, hat nichts verstanden. Denn der Wunsch nach Teilzeitarbeit ist an vielen Stellen die gesunde Reaktion der Menschen auf ein krankmachendes System – eine Arbeitswelt, die überfordert, statt zu fördern; ein Wirtschaftssystem, das den Menschen aus dem Blick verloren hat; und gesellschaftliche Rahmenbedingungen, die Arbeit und Familie unvereinbar machen.

Eine wissenschaftliche Perspektive auf die Frage, ob Arbeitszeitverlängerungen oder -verkürzungen gegen den Fachkräftemangel etwas ausrichten können, teilt hier Dr. Eike Windscheid-Profeta. Er leitet an der Hans-Böckler-Stiftung das Referat »Wohlfahrtsstaat und Institutionen der Sozialen Marktwirtschaft«.

Johanna: Ist der Ruf nach einer Erhöhung der Wochenarbeitszeit aus wissenschaftlicher Sicht die richtige Maßnahme gegen den Fachkräftemangel?
Eike: Nach allem, was wir an wissenschaftlicher Evidenz vorliegen haben, muss man klar sagen, dass diese Forderung problematisch ist. Das eine ist, dass lange Arbeitszeiten – insbesondere auf Dauer – hoch belastend sind. Wir steuern dadurch tendenziell eher in hohe Krankenstände, die aktuell schon auf einem Höchststand sind. Wenn wir also anfangen würden, Wochen- und tägliche Arbeitszeiten auszuweiten, dann hätte das eher eine weitere Reduzierung der verfügbaren Arbeitskräfte zur Folge. In Bezug auf den Fachkräftemangel bringt uns das also nicht weiter.

Zweiter Punkt ist, dass lange Arbeitszeiten ungünstig für Menschen mit Sorgeverpflichtungen, wie zum Beispiel Eltern, sind. Gleichzeitig besteht gerade in der Gruppe der Mütter ein hohes Erwerbspotenzial, das man über attraktivere und vereinbarkeitsgerechtere Arbeitszeiten gut aktivieren könnte. Und ein dritter Aspekt: Lange Arbeitszeiten führen auch dazu, dass weniger Zeit für sich selbst bleibt, in der unter anderem Hobbys oder Ehrenämter ausgeübt werden können oder Zeit für die individuelle Regeneration ist.

Was wir aus der Forschung auch wissen, ist, dass es angesichts einer knappen Fachkräftesituation eigentlich Arbeitszeitarrangements braucht, die den Lebensphasen und spezifischen Bedürfnissen von Beschäftigten gerecht werden. Eine Arbeitszeitverkürzung kann eine Option sein, zum Beispiel in Form einer 4-Tage-Woche. Sie beinhaltet das Potenzial, eine selbstbestimmte partnerschaftliche Aufteilung von Sorgearbeit zu gewährleisten sowie die Erwerbsbeteiligung unter Menschen mit Sorge-Verpflichtung zu erhöhen, also größere Anreize zu bieten, in Erwerbstätigkeit einzusteigen.

Was aus wissenschaftlicher Sicht nicht sinnvoll und von Eltern auch nicht gewünscht ist, ist die Ausweitung von Arbeitskorridoren am Tag. Das bedeutet, dass am Tag zu bestimmten Teilen Sorgearbeit geleistet wird und Arbeit zu sozial wertvollen Zeiten am Abend nachgeholt werden muss. Denn dadurch entsteht ein gegenläufiger Effekt. Gerade Eltern brauchen real freie Zeit und nicht die Verschiebung von Erwerbsarbeit in die Abendstunden, sonst entstehen sogenannte Rebound-Effekte. Bei den Betroffenen entsteht eine hohe Belastung, weil zu wenig Zeit für die individuelle Regeneration bleibt. Gleichzeitig wirkt sich das auch auf den ökologischen

Fußabdruck negativ aus. Wenn wenig Zeit zur Verfügung steht, werden Kinder beispielsweise lieber schnell mit dem Auto zum Sport gebracht, anstatt den öffentlichen Nahverkehr oder das Fahrrad dafür zu nutzen. Eine Reduzierung der Wochenarbeitszeit wie beispielsweise in der 4-Tage-Woche könnte helfen, diese negativen Effekte zu vermeiden.

Über diesen QR-Code kommst du direkt zum ganzen Gespräch im Podcast!

Was bedeutet das für dich und deinen Wunsch nach Karriere in Teilzeit?

Für dich und deinen Teilzeitwunsch ergeben sich daraus zwei Dinge: Zum einen darfst du dich als Teil einer großen Gruppe an Menschen fühlen, die anders leben und arbeiten wollen als die Generationen vor ihnen. Eine neue Vereinbarkeit von Privatleben und Beruf oder der Wunsch nach einer besseren Life-Balance ist da ein wichtiger Baustein. Zum anderen hast du dir einen ziemlichen guten Zeitpunkt dafür ausgesucht, mit diesem Wunsch bei einem Arbeitgeber aufzutreten. Die Lage am Arbeitsmarkt spielt gegenwärtig für dich. Und auch aufseiten des Gesetzgebers hat sich in den letzten Jahren einiges getan. Denn das Recht auf Teilzeit wurde inzwischen auch in der Rechtsprechung vom Thema Care-Arbeit entkoppelt.

Smaro Sideri ist Rechtsanwältin und Fachanwältin für Arbeitsrecht. Mit ihr habe ich darüber gesprochen, welche rechtlichen Möglichkeiten es für Arbeitnehmende gibt, Teilzeit in Anspruch zu nehmen.

Johanna: Welche Möglichkeiten gibt es für mich aus arbeitsrechtlicher Sicht, in Teilzeit zu arbeiten?

Smaro: Die meisten Menschen wissen gar nicht, dass es für Teilzeit so unterschiedliche Möglichkeiten gibt. Denn was für wen gilt, hängt von den individuellen Lebensumständen ab. Für Eltern gelten andere Regelungen als für Menschen mit pflegebedürftigen Angehörigen. Aber auch für Mitarbeitende ohne Care-Verantwortung gibt es gesetzliche Regelungen mit den entsprechenden gesetzlichen Ansprüchen dazu.

Das Teilzeit- und Befristungsgesetz regelt generell einen Anspruch auf Reduzierung der Arbeitszeit. Für Eltern, die in Teilzeit arbeiten möchten, gilt das Bundeselterngeld- und Elternzeitgesetz, und für Menschen, die sich um pflegebedürftige Angehörige kümmern und dafür ihre Arbeitszeit reduzieren oder vielleicht sogar phasenweise aus dem Job austeigen möchten, gibt es das Pflegezeitgesetz. Also insgesamt jede Menge Möglichkeiten.

Johanna: Gelten diese Regelungen auch für Führungskräfte?

Smaro: Hier greift die ausdrückliche Regelung zur Teilzeit in leitenden Positionen in § 6 TzBfG, womit dem häufigen Scheinargument der Arbeitgeber, dass Führung in Teilzeit nicht geht, widersprochen werden kann. Dort steht, dass eine Teilzeitbeschäftigung auch in leitenden Positionen ermöglicht werden soll. Es kommt also die gesetzliche Intention der Förderung von Teilzeitbeschäftigung in allen Positionen klar zum Ausdruck.

Das Teilzeit- und Befristungsgesetz enthält in § 4 außerdem ein ausdrückliches Diskriminierungsverbot wegen der Teilzeitbeschäftigung. Es ist nach dieser Regelung verboten, Teilzeitbeschäftigte gegenüber Vollzeitbeschäftigten schlechter zu behandeln, zum Beispiel bei der beruflichen Entwicklung. Es ist auch verboten, Teilzeitbeschäftigte aus betrieblichen Sonderzahlungen auszuschließen. Sie haben zumindest anteilig zu ihrer Arbeitszeit Anspruch auf dieselben Sonderzahlungen.

Johanna: Ein großes Problem bei der Inanspruchnahme von Teilzeit war bisher die sogenannte Teilzeitfalle. Wer einmal seine Arbeitszeit reduziert hatte, kam davon meist nie wieder weg. Ist das immer noch so?

Smaro: Diese sogenannte Teilzeitfalle hat der Gesetzgeber erkannt. Deshalb gibt es seit 2019 eine neue Regelung im Teilzeit- und Befristungsgesetz, die als Brückenteilzeit bekannt geworden ist (wer es nachlesen möchte, in § 9a TzBfG geregelt). Danach ist es möglich, für einen Zeitraum zwischen einem und fünf Jahren die Arbeitszeit zu reduzieren. Nach Ablauf dieser befristeten Teilzeit fällt man automatisch wieder zurück auf die vorherige Arbeitszeit, die eben höchstwahrscheinlich Vollzeit war.

Dieser Anspruch gilt für alle Unternehmen mit mehr als 45 Mitarbeitenden. Wer jetzt aber beispielsweise bei einem Unternehmen mit vielleicht 30 Mitarbeitenden arbeitet, kann dieses Thema trotzdem ansprechen und eine entsprechende einvernehmliche Vereinbarung mit dem Arbeitgeber treffen. Dazu wird üblicherweise eine Zusatzvereinbarung zum Arbeitsvertrag über die Brückenteilzeit, also die befristete Teilzeitbeschäftigung, abgeschlossen.

Johanna: Jetzt haben wir über den allgemeinen Teilzeitanspruch gesprochen, der für alle Mitarbeitenden gilt. Welche Möglichkeiten haben insbesondere Eltern, Teilzeit in Anspruch zu nehmen?

Smaro: Wir haben in Deutschland die spezielle Möglichkeit der Elternzeit, die für drei Jahre möglich ist, und zwar für beide Eltern grundsätzlich gleichzeitig. Das wissen viele nicht. Viele denken, dass die drei Jahre für beide Elternteile zusammen gelten. Das ist aber nicht so. Gleichzeitig gibt es auch die Möglichkeit, schon während der Elternzeit in Teilzeit zu arbeiten, und zwar in einem Stundenumfang zwischen 15 und 32 Stunden pro Woche, was aus verschiedenen Gründen interessant sein kann. Zum einen sind Mitarbeitende während der Elternzeit besonders geschützt, zum Beispiel durch einen gesteigerten Kündigungsschutz.

Zum anderen ist es so, dass diese Teilzeit in Elternzeit auch nicht einfach so vom Arbeitgeber abgelehnt werden kann. Da gibt es strenge Voraussetzungen, wann ein Arbeitgeber Nein sagen kann. Und wer sich mit dem Gedanken trägt, auch nach der Elternzeit weiter in Teilzeit zu arbeiten, hat mit einer Teilzeit in Elternzeit sozusagen schon den Weg geebnet und gezeigt, dass das Modell funktioniert. Dadurch wird es für den Arbeitgeber schwierig, einen Teilzeitwunsch aus dem Teilzeit- und Befristungsgesetz im Anschluss an die Elternzeit abzulehnen.

Johanna: Was gilt für pflegende Angehörige? Welche Regelungen kommen hier zum Tragen?

Smaro: Für Beschäftigte, die pflegebedürftige Angehörige haben, gelten zwei gesetzliche Regelungen. Einmal gibt es das Pflegezeitgesetz, das eine vollständige Arbeitsbefreiung von der Arbeitsleistung von bis zu sechs Monaten zur Pflege von Angehörigen vorsieht (§ 3 PflegeZG). Während dieser Zeit entfällt die Arbeitsleistung und auch die Vergütung. Die Beschäftigten sind aber weiterhin sozialversichert (Kranken-,

Renten- und Pflegeversicherung) und haben einen Sonderkündigungsschutz. Das Arbeitsverhältnis kann während der Pflegezeit vom Arbeitgeber nicht gekündigt werden. Zum anderen gibt es einen Anspruch aus dem Familienpflegezeitgesetz nach § 2 FamPflegeZG für die Betreuung von pflegebedürftigen Angehörigen bis zu zwei Jahren. Nach diesem Gesetz kann eine Familienpflegezeit in Anspruch genommen werden für die Betreuung pflegebedürftiger Angehöriger, wenn gleichzeitig mit einer Teilzeit von mindestens 15 Stunden pro Woche gearbeitet wird.

Es ist auch eine Kombination zwischen einer Pflegezeit als komplette Freistellung bis zu sechs Monaten und im Anschluss eine Familienpflegezeit mit einer TZ-Beschäftigung von mindestens 15 Stunden pro Woche für die Dauer von 18 Monaten denkbar, also in der Summe 24 Monate. Auch während der Familienpflegezeit besteht im Arbeitsverhältnis der Sonderkündigungsschutz.

Über diesen QR-Code kommst du direkt zum ganzen Gespräch im Podcast!

Teilzeit ist also rein rechtlich unabhängig von der Lebens- und Familiensituation möglich. Für dich als (angehende) Teilzeitführungskraft ist es wichtig zu wissen, dass diese Regelungen genauso für Führungskräfte gelten und eine Diskriminierung aufgrund von Teilzeit ausdrücklich verboten ist. Egal, ob du neben einem erfüllenden Job mehr Zeit für die Familie haben möchtest, dir eine bessere Life-Balance wünschst oder dich neben dem Job weiterbilden willst – das alles bedeutet erst einmal nicht, dass du deine Führungsposition aufgeben oder eine attraktive Aufstiegschance ausschlagen musst.

#1 Die Gründe für Teilzeit sind heute vielfältig, auch wenn in Führungspositionen traditionelle Rollenbilder immer noch eine große Rolle spielen.

#2 Eine Reduzierung der Arbeitszeit hat gesellschaftliche, wirtschaftliche und ökologische Vorteile und adressiert viele der drängendsten Probleme unserer Zeit.

#3 Egal ob mit oder ohne Care-Verantwortung, einen rechtlichen Anspruch auf Teilzeit haben heute die meisten Mitarbeitenden – auch in Führungspositionen.

3 Who cares? Karriere beginnt zu Hause

Was ist das Problem?

Im letzten Kapitel ist deutlich geworden: Teilzeitführungskräfte haben ihre Arbeitszeiten häufig familienbedingt reduziert. Praktisch bedeutet das, dass vor und nach der Erwerbsarbeit oft Care-Arbeit auf dem Plan steht und manche Teilzeitkräfte tagtäglich weit über das Pensum eines Vollzeitjobs hinaus arbeiten. Mütter leisten ab der Familiengründung fast eineinhalbmal mehr unbezahlte Arbeit als Väter und arbeiten im Schnitt fast sechs Stunden am Tag unbezahlt – zusätzlich zu ihrer Erwerbsarbeit.[34] Bei einem 30-Stunden-Arbeitsvertrag und 5 × 6 Stunden Care-Arbeit kommt so ganz schnell eine 60-Stunden-Woche zustande. Und da ist das Wochenende noch nicht mit eingerechnet. Aber auch die Väter kommen nicht besser weg. Leben Kinder im Haushalt, beträgt das durchschnittliche wöchentliche Arbeitsvolumen von Müttern und Vätern in Deutschland je fast 58 Stunden pro Woche.[35] Hier wird klar: Die Vereinbarkeit von Beruf und Familie ist harte Arbeit für Mütter und Väter.

Was ist eigentlich Care-Arbeit?

Ich nutze im Buch immer wieder die Begriffe Care-Arbeit und Erwerbsarbeit, die zwei unterschiedliche Dinge beschreiben. Wenn wir über Arbeit sprechen, meinen wir in der Regel *bezahlte Arbeit*. Diese bezahlte Arbeit wird oft auch als Erwerbsarbeit bezeichnet. Demgegenüber steht die *unbezahlte Arbeit*. Als Erstes fallen dir da vielleicht Hausarbeit, Einkaufen und Kinderbetreuung ein. Zur unbezahlten Arbeit gehört aber auch das Ehrenamt.

Erwerbsarbeit ist die Arbeitsform, die in unserer Gesellschaft den höchsten Wert hat – das erkennen wir beispielsweise daran, wie über sie gesprochen wird. Wenn wir über Erziehungszeiten sprechen, sagen wir gern »Ich arbeite gerade nicht« – was inhaltlich leider völlig falsch ist. Gleichzeitig sind Berufe im Care-Sektor – also zum Beispiel Kindergärtner:in, Lehrer:in oder Pfleger:in – schlechter bezahlt als viele Berufe ohne Care-Verantwortung. Auch messen wir unseren Erfolg als Gesellschaft am Brutto-Inlands-Produkt – einer Zahl, in der unbezahlt geleistete Care-Arbeit nicht vorkommt, ohne die unsere Wirtschaftsleistung aber nicht zu erbringen wäre. Auch deshalb wird die Bedeutung von Care-Arbeit systematisch unterschätzt. Dabei macht sie den größten Anteil am Arbeitsvolumen in Deutschland aus, vor Erwerbsarbeit und Ehrenamt.[36]

Am Beispiel der Eltern wird ein grundsätzliches Problem unserer Gesellschaft besonders greifbar: Die Ungleichheit zwischen Frauen und Männern ist in Deutschland weiterhin groß. Fast 50 Prozent aller erwerbstätigen Frauen arbeiten in Deutschland in Teilzeit – bei den Männern sind es nur gut elf Prozent. In Österreich und der Schweiz sieht es nicht besser aus.[37] Kurz: Frauen leisten einen höheren Anteil an der (unbezahlten) Care-Arbeit. Diese Ungleichheit wird mit dem sogenannte *Gender Care Gap* beschrieben und beträgt in Deutschland stolze 44 Prozent. Das bedeutet, während Frauen pro Woche im Schnitt fast 30 Stunden unbezahlte Care-Arbeit leisten – kommen bei Männern nur gut 20 Stunden zusammen.

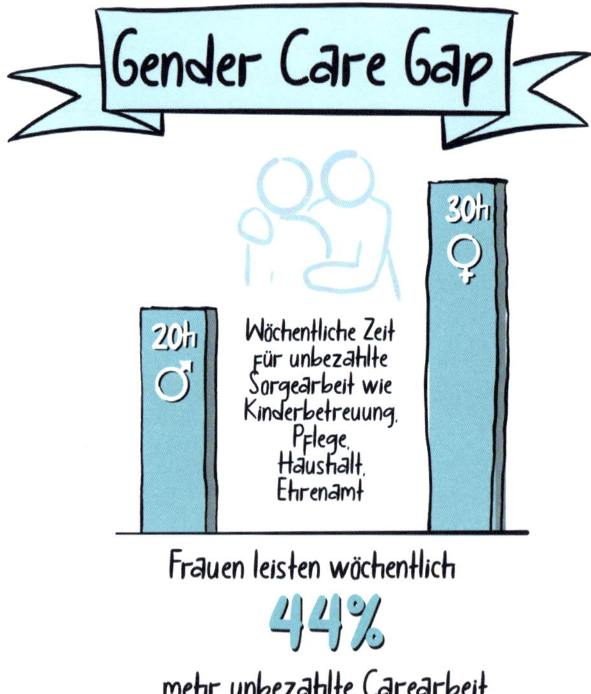

Wenn man bezahlte und unbezahlte Arbeit zusammen betrachtet, haben Frauen 2022 mit fast 46 Stunden pro Woche insgesamt sogar *mehr* als Männer gearbeitet, die nur auf 44,5 Stunden kommen. Dabei ist der Abstand zwischen den Geschlechtern in den letzten zehn Jahren weiter gewachsen.

An dieser Zunahme der Ungleichheit hat auch die Pandemie ihren Anteil – Frauen haben während Corona häufiger ihre Arbeitszeit reduziert, um beispielsweise die fehlende Kinderbetreuung abzufangen.[38] Im Hinblick auf die Kita-Krise und den Pflegenotstand ist diese Entwicklung kein gutes Zeichen für die Gleichberechtigung. Denn diese ungleiche Verteilung hat viele Nachteile, für Frauen vor allem in Bezug auf die Karriereentwicklung und damit für ihre finanzielle Absicherung.

Das zeigt sich unter anderem im *Gender Pay Gap* von 18 Prozent[39], mit dem Deutschland im europaweiten Vergleich mit an der Spitze liegt.[40] Nur Estland, Österreich und Tschechien liegen »noch weiter vorne«. Die Schweiz reiht sich mit ebenfalls 18 Prozent neben Deutschland ein.[41] Der Gender Pay Gap beschreibt den Verdienstabstand pro Stunde zwischen Frauen und Männern. 18 Prozent Pay Gap bedeutet, dass bei einem angenommenen Stundenlohn von 100 Euro Frauen pro Stunde 18 Euro weniger verdienen. Die Gründe dafür sind vielfältig: Frauen arbeiten häufig in schlechter bezahlten Berufen und erreichen seltener Führungspositionen als Männer. Einige Frauen erhalten außerdem von ihrem Arbeitgeber weniger Gehalt, auch wenn Tätigkeit, Bildungsweg und Erwerbsbiografie vergleichbar mit denen der männlichen Kollegen sind.[42] Denn wer den Hauptteil der Care-Arbeit schultert und gleichzeitig die Zeit für Erwerbsarbeit reduziert, hat schlechtere Chancen in der Arbeitswelt. Auch stehen Menschen mit Care-Verantwortung im Berufsleben oft in Konkurrenz zu denjenigen, die einen beliebigen Anteil ihrer Zeit und vor allem ihre ganze Energie dem beruflichen Aufstieg widmen können.

Das Thema Verdienstungleichheit hat aber noch weitere Dimensionen: Frauen nehmen zum einen seltener am Erwerbsleben teil als Männer und arbeiten darüber hinaus häufiger in Teilzeit. Dies schmälert ihre finanziellen Möglichkeiten und verstärkt die Verdienstungleichheit weiter. Nach der Geburt des ersten Kindes müssen Mütter im Schnitt einen Einkommensverlust von fast 80 Prozent hinnehmen. Nach weiteren zehn Jahren beträgt der Verlust immer noch durchschnittlich 61 Prozent.[43] Das Ganze nennt sich *motherhood* oder *child penalty* und beschreibt die Lohneinbußen, die Mütter nach der Geburt des ersten Kindes erleiden. Und das wirkt sich natürlich auch auf ihre später verfügbare Rente aus. Der *Gender Pension Gap,* also die geschlechtsspezifische Rentenlücke, betrug bei Frauen in Deutschland 2021 unglaubliche 30 Prozent, und jede fünfte Frau ab 65 Jahren war armutsgefährdet.[44]

Aber neben diesen wirtschaftlichen Folgen hat die Ungleichverteilung der Care-Arbeit auch negative gesundheitliche Konsequenzen. 47 Prozent aller Frauen sind nach der Arbeit sehr häufig oder oft so erschöpft, dass sie sich nicht mehr um private oder familiäre Angelegenheiten kümmern können – eine alarmierende Zahl.[45] Angesichts der großen Belastung durch die Summe aus Erwerbs- und Care-Arbeit ist das aber nicht weiter verwunderlich. Wer Kinder hat, weiß außerdem, dass dieser Teil des Lebens einem mindestens so viel Energie nimmt, wie er Freude macht. Die mentale Belastung durch (oft unsichtbare) Care-Arbeit – auch *Mental Load* genannt – trägt neben der verfügbaren Zeit entscheidend dazu bei, wie groß oder klein individuelle Karrierechancen sind. Dazu kommt, dass gerade im deutschsprachigen Raum Mutterschaft ein emotional aufgeladenes Konzept ist. Care-Arbeit liegt im gesellschaftlichen Rollenbild stark bei den Frauen, und eine »gute Mutter« definiert sich vor allem durch die Zeit, die sie für die Betreuung ihrer Kinder aufbringt. Nicht umsonst existiert in unserem patriarchal geprägten System der diskriminierende Begriff »Rabenmutter«, der bis heute Frauen beschreibt, die angeblich ihre Kinder zu früh aus dem Nest stoßen, sich also vermeintlich nicht ausreichend um sie kümmern.[46] Viele Frauen und Mütter fühlen sich dadurch in einem Zwiespalt zwischen dem Wunsch nach Karriere und der Erfüllung gesellschaftlicher Normen gefangen. Ein auf den ersten Blick nicht aufzulösendes Dilemma, das auch zeigt, wie wichtig es ist, über Diskriminierung in der Gesellschaft und Arbeitswelt zu sprechen.

Mit Isabel Gebien, der Gründerin und Podcast-Host von Equality 365, habe ich über soziale Gerechtigkeit und die Rolle von Teilzeit im Kontext von Gleichberechtigung gesprochen.

Johanna: Was hast du als Mutter in Bezug auf das Thema Gleichberechtigung erlebt?
Isabel: Ich hatte vor der Schwangerschaft mit meinem Sohn meinen Job gekündigt. Grund dafür war unter anderem, dass ich mich für eine Systemische Ausbildung entschieden hatte und die dann während der Schwangerschaft gemacht habe. Als ich meinen Sohn bekam, war ich mit der Ausbildung fertig und wollte zum Teil auch als Coach arbeiten.

Gleichzeitig hatte ich Lust, weiterhin im Team zur arbeiten und mich auch anderweitig einzusetzen.

So habe mir auf dieser Basis einen Job gesucht. Und tatsächlich war diese Jobsuche extrem schwer für mich – denn ich wollte eine Teilzeitstelle finden. Im Internet fanden sich in Berlin unter meinem Jobtitel und dem Begriff Teilzeit ausschließlich Werkstudentenstellen. Ich habe das als sehr diskriminierend empfunden und fand es einfach erschreckend, dass diese Möglichkeit einer qualifizierten Teilzeitbeschäftigung nicht vorhanden zu sein schien.

Johanna: Du sprichst in deinem Podcast mit ganz unterschiedlichen Menschen über das Thema Gleichberechtigung. Was hast du aus diesen Gesprächen bisher mitgenommen?

Isabel: Zunächst muss man klären, was wir unter Gleichberechtigung verstehen. Für mich fällt darunter eben all das, was ich auch in meinem Podcast bespreche – von Vereinbarkeit bis *New-Work*-Themen, von Chancengleichheit bis Diversity. In Europa und Deutschland spricht man von Gleichstellung und Gleichberechtigung ganz oft ausschließlich im Kontext von Mann und Frau. Es geht viel darum, dass Frauen eben auch gleichberechtigt sein dürfen, dass Frauen auch in Führungspositionen gehen können und dass Care-Arbeit gleichmäßig aufgeteilt ist. In Amerika hingegen spricht man oft beispielsweise eher von den Ungleichheiten zwischen Weißen und Schwarzen. Daraus ergeben sich unterschiedliche Privilegien – die des Weißseins oder des Mannseins –, derer wir uns bewusst werden dürfen.

Mit diesem Wissen können wir ganz viel zum Positiven verändern. Wenn wir bestimmte Denkmuster oder Vorurteile, die wir in unseren Köpfen haben, wahrnehmen, reflektieren und neu denken, können wir in unserem Leben etwas zugunsten von uns, aber auch von anderen verändern. Und das ist ein Thema, das mir total am Herzen liegt, für das ich brenne. Neben der Gleichberechtigung zwischen Mann und Frau, die ich mir natürlich auch wünsche, und auch dem Fakt, dass Frauen endlich die gleichen Gehälter wie Männer bekommen sollten, wünsche ich mir vor allem, dass wir die gleichen Möglichkeiten haben, aufzusteigen, egal ob in Teilzeit oder nicht. Ich wünsche mir, dass wir – auch wenn wir Mütter sind – Führungspositionen angeboten bekommen, in ihnen wachsen dürfen und nicht auf das Mutterdasein reduziert werden.

Johanna: Wie siehst du die Wirkung von Karriereoptionen in Teilzeit auf das Thema Gleichstellung?
Isabel: Ich glaube, die Wirkung ist riesig. Wir haben in Zukunft einen hochgradigen Fachkräftemangel. Denn wir sind eine stark alternde Gesellschaft, die viel zu wenige Kinder in die Welt setzt. Das sind alles höchst besorgniserregende Zustände, für die es sicher vielfältige Gründe gibt. Ich glaube, dass viele junge Leute ein Stück weit den Glauben in die Zukunft verloren haben. Vielleicht haben sie auch Angst, weil sie jetzt schon viel zu viel arbeiten und sich überhaupt nicht vorstellen können, wie sie gleichzeitig noch ein Kind großziehen sollen. Ich würde mir wünschen, dass wir versuchen, eine zukunftsfähige, gesunde und gerechte Gesellschaft zu bauen, die alle Menschen mit ihren Fähigkeiten, mit ihrer Individualität, mit ihrer Vielfältigkeit berücksichtigt und einbezieht. Und hier spielen Teilzeitmodelle und flexible Arbeitsmodelle eine wichtige Rolle. Übrigens nicht nur im Kontext von Kindern, sondern auch in Bezug auf das Thema Pflege. Denn auch das wird immer ein größeres Thema werden.

Über diesen QR-Code kommst du direkt zum ganzen Gespräch im Podcast!

Wie kann eine Lösung aussehen, und welche Rolle spielen die Väter?

Wie lassen sich Rahmenbedingungen gestalten, die dafür sorgen, dass Frausein und Mutterschaft nicht mehr mit massiven wirtschaftlichen Nachteilen einhergeht? Und was muss passieren, damit Karriere in Teilzeit für Männer und Frauen möglich wird? Die Lösung ist nicht überraschend – denn sie liegt in einer gleichberechtigten Aufteilung der Care-Arbeit. Denn das ermöglicht Frauen mehr Raum für berufliche Entwicklung, ein Leben im Gleichgewicht mit der Care-Verantwortung und vor allem finanzielle Unabhängigkeit. Männer profitieren von der Abkehr des Ernährermodells durch weniger beruflichen Druck und die Möglichkeit einer aktiven Beteiligung am Alltagsleben. In der Praxis bedeutet das vor allem für Eltern: Teilzeit für beide.

Helena Burghardt und Nils Küver arbeiten beide familienbedingt in Teilzeit und haben sich für ein Tandemmodell entschieden – also eine geteilte Führungsrolle. Was ihre Motivation dafür ist, beschreiben sie im Interview.

Johanna: Wie ist es zu eurer Co-Leadership-Konstellation gekommen?
Helena: Unsere Vorgesetzte ist in einen anderen Geschäftsbereich gewechselt. Aufgrund einer internen Übergangsphase war dann die Idee unserer damaligen Vorgesetzten, dass aus dem Team heraus jemand die Führungsrolle übernehmen und für Stabilität im Team sorgen sollte. Aus meiner Sicht ist es recht gut ausgegangen.
Nils: Das denke ich auch! Dazu kommt, dass wir schon vorher sehr gute Erfahrungen mit der Arbeit in Tandems gemacht haben. Wir arbeiten im Team schon seit mehreren Jahren auf diese Weise und versuchen in Projekten eigentlich immer mit mindestens zwei Personen zu unterstützen. Das hört sich für Außenstehende vielleicht erst mal danach an, dass man zwei Personen für die gleiche Sache bezahlen muss. Das ist aus meiner Sicht aber definitiv nicht so. Die Kreativität wird deutlich gesteigert, man ist in der Tat produktiver dadurch, dass man sich auch Aufgaben aufteilt, und kommt zu besseren Ergebnissen.

Dieses Prinzip haben wir aus meiner Sicht auch gut umgesetzt beim Thema Leadership. Und das war auch der Grund, warum wir beide das letztlich wollten, weil wir das Konzept aus der Vergangenheit schon kennen und schätzen gelernt haben. Für mich persönlich ist es auch nicht mehr infrage gekommen, wieder allein eine Leadership-Rolle einzunehmen, da ich durch die eigene familiäre Situation meine Stunden bewusst reduziert habe.

Und man muss sich nichts vormachen – der Workload ab Gruppen- oder Teamleitung wird in der Regel einfach höher. Ich wollte weiterhin im Modell 35 Stunden unterwegs sein, damit ich für meine Tochter da sein kann. Mir geht es darum, den Alltag mit ihr zu bestreiten und nicht nur abends oder am Wochenende präsent zu sein.

Helena: Bei mir ist es auch so. Ich arbeite ebenfalls 35 Stunden die Woche und habe eine ähnliche Konstellation zu Hause wie Nils mit einer Tochter und einer partnerschaftlichen Aufteilung. Mir war es wichtig, dass ich das Thema Vereinbarkeit weiterhin privat und beruflich umsetzen kann.

Über diesen QR-Code kommst du direkt zum ganzen Gespräch im Podcast!

Damit diese Umverteilung gelingt, sind die Männer und insbesondere die Väter gefragt. Denn auch viele unter ihnen leiden unter dem Status quo. Ihre starke Beteiligung am Erwerbsleben – insbesondere in Führungspositionen – bezahlen sie oft mit wenig Zeit für sich, die eigene Familie oder Freunde. Eigentlich ein Lose-Lose für beide Seiten. Gleichzeitig zeigen aktuelle Studien, dass sich etwas verändert. 50 Prozent aller Männer sind überbeschäftigt, arbeiten also mehr, als sie eigentlich möchten.[47] »Männer wollen nicht mehr auf ihre Rolle als Familienernährer reduziert werden, sondern sich aktiv an der Familienarbeit beteiligen und mehr Zeit für ihre Kinder haben«, sagt auch Volker Baisch vom Väternetzwerk Conpadres.[48] Knapp die Hälfte der Väter will sich heute die Elternzeit gleichmäßig mit ihren Partner:innen aufteilen.[49] Das passt auch zu den Wünschen der teilzeitbeschäftigten Mütter – denn hier wollen viele gern ihre (Erwerbs-) Arbeitszeiten in Richtung einer vollzeitnahen Beschäftigung aufstocken.[50] Der Wunsch nach Vereinbarkeit und ein neues Familienbewusstsein sind in der Mitte der Gesellschaft angekommen. Wir haben es mit einer Väter- und Müttergeneration zu tun, die beides will: Kind und Karriere.

Die Umsetzung dieser Wünsche ist allerdings ernüchternd, denn nur etwa ein Viertel aller Väter bezieht Elterngeld und steigt somit schon in den ersten und prägenden Lebensmonaten mit in die Care-Arbeit ein.[51] Noch drastischer ist das Bild, wenn es um die Länge der Elternzeiten geht – Mütter bleiben im Schnitt fast 15 Monate zu Hause, während Väter durchschnittlich knapp vier Monate in Elternzeit gehen.[52] Diese ungleiche Arbeitsaufteilung setzt sich in der Regel auch später so fort. Nur etwa zwei Prozent der Paare entscheiden sich in Deutschland für ein

Teilzeit-Teilzeit-Modell.[53] In Österreich liegt die Quote ebenfalls unter fünf Prozent.[54] In der Schweiz sind es – bei einer insgesamt höheren Teilzeitquote in der Gesellschaft – zehn Prozent der Eltern, die sich für Teilzeit-Teilzeit entscheiden. Aber auch hier bleibt die Umsetzung weit hinter den Wünschen der Eltern zurück: Eigentlich wünscht sich die Hälfte der Paare dieses Modell.[55]

Mit Volker Baisch, dem Gründer des Väternetzwerks Conpadres, habe ich darüber gesprochen, was Väter brauchen, um ihre Wünsche in Bezug auf die Aufteilung von Care- und Erwerbsarbeit – und damit auch den Wunsch nach Teilzeit – wirklich in die Tat umzusetzen.

Johanna: Wie gelingt es uns, Teilzeit zu einem etablierten Arbeitsmodell für alle Geschlechter werden zu lassen?
Volker: Ja, das ist natürlich so ein bisschen die Gretchenfrage, die wir uns auch die letzten zehn Jahre immer wieder gestellt haben. Teilzeit ist erst mal nicht das Arbeitsmodell, das Männer präferieren. Ich bin jetzt seit 20 Jahren in dem Thema unterwegs, und die Teilzeitquote von Männern hat sich so gut wie nicht verändert. Gleichzeitig haben wir unter Müttern mit die höchste Teilzeitquote in Europa. Das heißt, Mütter nehmen eher immer mehr Teilzeit, und man kann sagen, Väter weniger oder gleichbleibend wenig. Das Problem beginnt schon mit der ungleichen Verteilung der Elternzeiten und wird durch die Zementierung der klassischen Männerrollen im ersten Jahr nach der Geburt zu einer noch größeren Bremse.

Deshalb glauben wir, dass es sehr wichtig ist, dass die Paare sich möglichst vor der Geburt gemeinsam hinsetzen und einen kleinen Karriere- und Strategieplan für sich entwickeln. Optimalerweise wird dabei auch die Elternzeit paritätisch verteilt. Denn 60 Prozent der jungen Eltern wollen sich die Arbeit eigentlich gleichberechtigt teilen, aber nur 17 Prozent setzen es tatsächlich auch um. Es ist klar, dass immer noch die ungleichen Gehälter der Frauen und Männer eine große Rolle spielen. Männer verdienen im Schnitt noch mehr als Frauen, was natürlich auch wieder Einfluss auf die Aufteilung der Elternzeiten und den Gender Pay Gap hat.

Gleichzeitig ist die Familiengründung der Dreh- und Angelpunkt. Ohne eine bewusste Auseinandersetzung mit den Mechanismen landen Familien schnell in traditionellen Rollenmustern. Ich möchte Väter motivieren, möglichst in eine längere Elternzeit zu gehen und dann vielleicht die Partnerschaftsmonate zu nutzen, um später auch in Elternteilzeit zu arbeiten. Dieser Weg kann dabei helfen, dass sie für sich erproben, wie wichtig die erste Zeit mit dem Baby ist. Gerade die ersten Schritte der Kinder mitzubekommen, ist unglaublich wertvoll.

Johanna: Was können Unternehmen tun, um diese Entwicklung zu unterstützen?

Volker: Immer mehr Unternehmen fokussieren sich auf die Zielgruppe der Väter. Eine Landesbank hat beispielsweise schon vor vielen Jahren damit begonnen, nicht nur werdende Mütter oder Väter im Unternehmen zu beraten, sondern die Partnerinnen und Partner miteingeladen – auch wenn diese woanders gearbeitet haben. Dadurch ist nicht nur die Elternzeitquote bei Vätern gestiegen, sondern auch die Teilzeitquote bei Männern. Den Müttern und Vätern wurde in der Beratung vermittelt, dass sie langfristig denken müssen. Denn kurzfristig macht es oft wirklich überhaupt gar keinen Sinn, dass Männer lange in Elternzeit sind, weil damit finanzielle Verluste einhergehen. Auf lange Sicht hat es aber für die Familie als Gesamtes durchaus Vorteile, wenn beide Elternteile finanziell unabhängig sind und gemeinsam zum Haushaltseinkommen beitragen.

Neben solchen Beratungsangeboten braucht es aber auch klare Signale aus dem Top-Management, dass eine partnerschaftliche Vereinbarkeitspolitik im Sinne des Unternehmens ist. Denn viele Väter haben aufgrund von Diskriminierungserfahrungen (fast jeder dritte Vater hat schon mal eine diskriminierende Erfahrung im Rahmen seiner Elternzeit gemacht) immer noch Angst vor dem Schritt einer längeren Elternzeit. Nach wie vor fallen da oft ziemlich dumme Sprüche – gerade von Vorgesetzten, aber auch von Kollegen. Deshalb braucht es eine klare Botschaft und Role Models im Unternehmen. Denn die Männer müssen auch mittelfristig merken, dass diese Ansage wirklich ernst gemeint ist.

Über diesen QR-Code kommst du direkt zum ganzen Gespräch im Podcast!

Spricht man mit Betroffenen, wird schnell klar, dass die Unternehmenskultur, insbesondere in Bezug auf Väter- und Teilzeitfreundlichkeit, ein wesentlicher Faktor ist. Solange Väter mit blöden Kommentaren und beruflichen Nachteilen zu rechnen haben, schrecken viele vor dem Schritt in die Gleichberechtigung zurück. Aber auch strukturelle Hindernisse, wie das Denken in Headcounts – das rein in Köpfen und nicht in Arbeitszeitanteilen rechnet – ist ein weiterer Punkt, der Mütter und Frauen übrigens genauso trifft. Das zu ändern, ist Aufgabe der Unternehmen.

Gleichzeitig ist aber auch die Politik in der Verantwortung. Denn unser Familienbild wird stark durch die politische Norm geprägt – und die fördert mit dem Ehegattensplitting immer noch Männer als Alleinverdiener und motiviert mit der bestehenden Elterngeldregelung Väter nicht in ausreichendem Maße, eine gleichberechtigte Rolle in der Kinderbetreuung einzunehmen. Zudem sind die Betreuungsmöglichkeiten außerhalb der Familie eine wichtige Voraussetzung, um Müttern und Vätern ein gleichberechtigtes Lebens- und Arbeitsmodell zu ermöglichen. Und da sieht es momentan alles andere als rosig aus. In Deutschland fehlen nach Berechnungen der Bertelsmann Stiftung aktuell mehr als 400 000 Kita-Plätze.[56] Eine Besserung ist nicht in Sicht. Ich bin deshalb davon überzeugt, dass Unternehmen hier zukünftig wesentlich stärker unterstützen müssen, wenn sie Eltern und Pflegende als Mitarbeitende ernst nehmen wollen. Aber auch das wird nicht dazu führen, dass Erzieherinnen vom Himmel fallen – denn die fehlenden Kita-Plätze werden vor allem durch den Personalmangel verursacht. Mit Blick auf die demografische Entwicklung und den viel strapazierten Fachkräftemangel wage ich deshalb zu bezweifeln, dass die Möglichkeiten für Kinderbetreuung außerhalb der Familie zunehmen werden. Ich glaube eher, dass wir uns in Zukunft wieder viel mehr selbst um unsere Kinder kümmern werden müssen – und dazu braucht es neue und alte Ansätze wie die Beteiligung der Väter an der Care-Arbeit, den Weg zurück zur Großfamilie oder das Zusammenleben in selbst gewählten Familienkonstrukten.[57]

Neben dieser gleichberechtigten Variante – mit der ich persönlich gute Erfahrungen gemacht habe – gibt es aber auch Menschen, die eine andere Optionen präferieren. Obwohl das Alleinverdiener-Modell deutlich rückläufig ist, leben immer noch etwa ein Drittel aller Familien eine klare Verteilung zwischen Care- und Erwerbsarbeit.[58] Mit Blick auf die Kitakrise eine durchaus nachvollziehbare Entscheidung. Eine solche Rollenverteilung macht im Alltag manches leichter und schafft auf den ersten Blick weniger Raum für Konflikte, denn auch hier möchte ich ehrlich sein – aus eigener Erfahrung weiß ich, dass die damit verbundenen Aushandlungsprozesse anstrengend sein können. Wichtig ist in diesen Fällen, einen finanziellen Ausgleich zwischen den Partner:innen zu schaffen. Denn der- oder diejenige, der oder die den Hauptteil der Care-Arbeit übernimmt und dafür auf eine eigene Karriere verzichtet, erleidet mittelfristige massive finanzielle Einbußen. Eine verbindliche Vereinbarung über Rentenausgleich und Co. sind hier für den oder die betroffene Partner:in ein absolutes Muss – denn eine Ehe bedeutet (für die Frau) schon lange nicht mehr, im Falle einer Trennung finanziell auf der sicheren Seite zu sein. Eine Lösung kann das sogenannte Drei-Konten-Modell darstellen – hier fließen alle Einnahmen direkt auf ein gemeinsames Konto. Von dort werden alle Fixkosten beglichen und der Rest auf die individuellen Konten der Partner:innen aufgeteilt, die damit eigene Bedarfe decken und in ihre Altersvorsorge investieren können. Aber auch ein Vorsorge-Ausgleich, bei dem der finanzkräftigere Part beispielsweise einen Fondssparplan für den oder die Partner:in einrichtet. Bei nicht verheirateten Paaren macht hier oft ein Partnerschaftsvertrag Sinn.[59]

Neben dieser Verteilungsfrage gibt es aber auch Gruppen, für die sich die Frage »Wer macht hier was?« und »Wer bekommt wie viel?« in dieser Form gar nicht stellt. Alleinerziehende sind heute nicht mehr die Ausnahme – fast 20 Prozent aller Kinder leben mit nur einem Elternteil im Haushalt.[60] Eine gleichberechtigte Aufteilung von Care- und Erwerbsarbeit kann für diese Gruppe oft nicht die Lösung sein – hier braucht es andere Modelle.

Esther Konieczny ist Mitgründerin und Vorständin des Vereins »Fair für Kinder«, der sich für eine soziale und finanzielle Besserstellung von Alleinerziehenden einsetzt. Mit ihr habe ich über die Herausforderungen von Alleinerziehenden gesprochen, wenn es um die Vereinbarkeit von Kindern und Karriere geht.

Johanna: Wie unterscheidet sich die Situation von Alleinerziehenden und Solomüttern, wenn es um die Frage der Vereinbarkeit von Familie und Beruf geht?

Esther: Die Situation der rund 1,5 Million alleinerziehenden Eltern mit Kindern unter 18 Jahren im eigenen Haushalt unterscheidet sich mit Blick auf das Thema Vereinbarkeit natürlich dadurch, dass neben Erwerbsarbeit auch noch ein großer Anteil der Care-Arbeit an ihnen hängen bleibt. Knapp 90 Prozent der Alleinerziehenden sind im Übrigen Frauen, und in 84 Prozent der Fälle leben die Kinder im sogenannten Residenzmodell bei der Mutter. Das heißt, dass sich der zweite Elternteil nur zeitlich eingeschränkt – oft am Wochenende – oder sogar gar nicht um das Kind oder die Kinder kümmert. Dort, wo sich in Paarfamilien die Eltern gegenseitig unterstützen können – Haushaltsarbeiten erledigen, Freizeitaktivitäten organisieren, Schularbeiten korrigieren, Elternabende besuchen etc. –, stehen Alleinerziehende genau so da: allein. Vereinbarkeit wird hier zu einer viel größeren Hürde, denn die meisten Alleinerziehenden haben bereits einen Job, der sie zeitlich sehr auslastet, aber leider nicht ernährt: die Fürsorge für die Familie.
Johanna: In Paarbeziehungen ist die gleichberechtige Verteilung von Erwerbs- und Care-Arbeit ein wichtiger Hebel. Das ist für Alleinerziehende keine Option. Gibt es Alternativen und wenn ja, wie sehen die aus?
Esther: Ich würde nicht sagen, dass die gleichberechtigte Verteilung von Erwerbs- und Care-Arbeit nach einer Trennung prinzipiell ausgeschlossen ist. Ich kenne Expartner, denen es gut gelingt, beides halbwegs fair aufzuteilen. Das setzt natürlich zwei Dinge voraus: Zum einen muss die Trennung friedlich vollzogen werden, und zum anderen muss auf beiden Seiten der Wunsch und Wille bestehen, weiterhin als Eltern gemeinsam die Verantwortung zu tragen, auch wenn die Beziehung auf der Paarebene vorbei ist.

Der große Teil der Alleinerziehenden sieht sich aber natürlich auf sich allein gestellt. Und hier stellt sich die Frage: Care verteilen – aber mit wem? Ein Modell, das ich grundsätzlich für vielversprechend halte, ist das der Wohngemeinschaften oder Mehrgenerationenhäuser, in denen es nicht nur darum geht, Wohnraum zu teilen, sondern sich auch gegenseitig im Alltag zu unterstützen. Ich würde mir wünschen, dass diese Modelle politisch gefördert werden, weil sie eine echte Alternative darstellen und in vielerlei Hinsicht attraktiv sein könnten.

Im Moment sind sie das allerdings für Alleinerziehende nicht. Aufgrund der aktuellen Gesetzeslage müssen Alleinerziehende fürchten, dass sie ihren Alleinerziehendenstatus verlieren, sobald sie mit einer weiteren

volljährigen Person in einem Haushalt leben. Die ohnehin viel zu geringen finanziellen Entlastungen für Alleinerziehende werden ihnen damit gestrichen. Während der Staat eine Form der Solidargemeinschaft, die Ehe, großzügig fördert, werden alternative Modelle, die eine benachteiligte Gruppe stärken würden, finanziell abgestraft.
Johanna: Wie können aus deiner Sicht Unternehmen Alleinerziehende in der Vereinbarkeit von Kindern und Karriere unterstützen?
Esther: Prinzipiell sind natürlich all die Maßnahmen, die wir allgemein unter dem Stichwort Vereinbarkeit diskutieren, auch für Alleinerziehende relevant. Ich nenne mal drei Kriterien, die aus meiner Perspektive besonders wichtig sind: Betreuung, Ferien, Flexibilität. Wünschenswert wäre, dass Arbeitgebende alleinerziehende Eltern mit der Betreuungsfrage nicht allein lassen. Von sicheren Belegplätzen in Kitas bis hin zu Stundenkontingenten in familienorientierten Co-Working-Spaces oder dem Abdecken von Betreuung in Randzeiten ist vieles denkbar. Wenn die »reguläre« Betreuung gut organisiert ist, bleiben immer noch die Ferien, die für alleinerziehende Eltern ein echtes Nadelöhr in der eigenen Erwerbstätigkeit darstellen.

Auch hier können Unternehmen unterstützen, indem sie selbst Programme anbieten, bei der Suche nach passsenden Ferienprogrammen unterstützen oder diese finanziell fördern. Stichwort Flexibilität: Arbeitgebende können eine Menge anbieten, indem sie nicht auf starren Arbeitszeiten beharren, Zeitkonten einführen und natürlich Homeoffice ermöglichen, wo es sinnvoll ist.
Johanna: Welche Rolle spielt die Politik?
Esther: Eine entscheidende. Es ist klar: Jedes gleichstellungspolitische Versäumnis trifft alleinerziehende Eltern um ein Vielfaches härter als Paarfamilien. Der Kita- und Betreuungsnotstand ist für Paarfamilien oft ein Ärgernis, weil er im Zweifelsfall dazu führt, dass Paare in traditionelle Rollenmodelle (zurück-)fallen. Für Alleinerziehende kann das gleiche Problem zu einer existenziellen Frage mit weitreichenden Folgen werden, nämlich eine Entscheidung darüber, ob sie aufgrund von Erwerbslosigkeit ein Leben in Armut führen.

Es gibt eine Reihe von politischen Maßnahmen, die denkbar sind, um die Mehrfachleistung und -belastung von Alleinerziehenden zu würdigen und Alleinerziehende zu entlasten. Hierzu zählen beispielsweise die Einführung eines Care-Bonus oder zusätzliche Rentenpunkte. Laut

Koalitionsvertrag sollte in dieser Legislaturperiode noch das Instrument der Steuergutschrift für Alleinerziehende eingeführt werden.

Warum hört Care-Arbeit nicht mit Kindern auf?

Kinder als Dimension von Care-Arbeit sind inzwischen in der öffentlichen Diskussion recht präsent. Unternehmen bespielen die Gruppe der Mütter und Väter mit internen Netzwerkangeboten und machen Elternschaft und Karriere zum Thema. Und auch in den Medien spiegelt sich dieses Bild wider. Wenig(er) wird hingegen über das Thema Pflegeverantwortung gesprochen. Pflege ist nicht en vogue – dabei betrifft dieses Thema früher oder später fast alle Menschen, denn Eltern haben wir alle. Die allermeisten von uns werden im Laufe ihres Lebens mit dem Thema in Kontakt kommen – als Pflegende, als pflegende Angehörige oder als Pflegebedürftige. Gerade der letzte Punkt sorgt meines Erachtens dafür, dass wir uns eher ungern mit dem Thema befassen. Denn wer stellt sich schon gern vor, wie es ist, bei alltäglichen Dingen wie dem Gang zur Toilette oder der Körperpflege auf andere angewiesen zu sein?

Zudem haben wir – anders als bei der Elternschaft – beim Thema Pflege keine Wahl, ob wir uns damit auseinandersetzen wollen. Eltern zu werden ist meist eine bewusste Entscheidung. Ob man selbst im Leben irgendwann pflegebedürftig wird oder pflegebedürftige Angehörige hat, können wir jedoch nicht beeinflussen. Gleichzeitig hat sich die Belastung – vor allem von Frauen – durch veränderte Familien- und Erwerbsbiografien in den letzten Jahrzehnten verändert. Auf die heiße Familienphase in den Dreißigern folgt oft nahtlos die Pflege der Eltern. Wenn also die eigenen Kinder aus dem Gröbsten raus sind, kümmern wir (Mütter) uns um pflegebedürftige Angehörige. Ein Großteil der Pflegenden ist immer noch weiblich.[61] Aktuell sind in Deutschland circa fünf Millionen Menschen pflegebedürftig. Davon werden über 80 Prozent zu Hause versorgt.[62] Bis 2055 wird die Zahl der Pflegebedürftigen in Deutschland auf bis zu 6,8 Millionen Menschen ansteigen.[63]

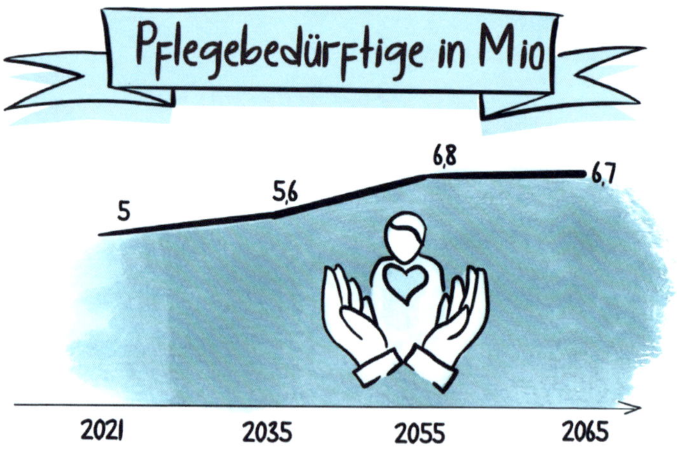

Der Grund für diese Entwicklung ist einfach erklärt: Jede zweite Person in Deutschland ist heute schon älter als 45 Jahre und jede fünfte älter als 66 Jahre. In den Nachbarländern Schweiz und Österreich liegt das Durchschnittsalter mit 43 beziehungsweise 44 Jahren nur leicht darunter.[64] Die Verjüngung der Gesellschaft durch Zuwanderung und leicht höhere Geburtenzahlen im letzten Jahrzehnt reicht nicht aus, um diese Lücke zu schließen[65] – denn die Geburtenrate liegt in Deutschland seit gut 50 Jahren stabil unter zwei Kindern pro Frau.[66] Vor allem die geburtenstarken Jahrgänge der Babyboomer werden in den nächsten Jahrzehnten zu dieser Entwicklung beitragen. So können die Menschen zwar mit einem langen – und über lange Zeit in Gesundheit verbrachten – Leben rechnen, gleichzeitig aber werden zukünftig immer mehr ältere Menschen mit chronischen Krankheiten eine gute Behandlung und Pflege benötigen. Eine wirkliche Entlastung von Angehörigen durch stationäre Pflege oder Pflegedienste ist nur bedingt zu erwarten. Schon heute ist der Fachkräftemangel in dieser Branche deutlich spürbar, und vor dem Hintergrund der demografischen Entwicklung kann hier in den nächsten Jahrzehnten auch keine Entwarnung gegeben werden.

Doch zurück zu den Pflegenden selbst: Die Menschen, die Angehörige pflegen, sind heute größtenteils auch erwerbstätig.[67] Auch wenn die Pflege nicht durch Angehörige selbst geleistet wird und beispielsweise ein ambulanter Pflegedienst im Einsatz ist, bleibt oft viel Arbeit an den

Angehörigen hängen. Ich selbst musste diese Erfahrung noch nicht machen, höre jedoch immer wieder vom Papierkrieg mit Krankenkassen und Behörden, der oft mit dem Thema einhergeht. Das kann Angehörige mental und zeitlich stark belasten und ist unter anderem auch der Grund dafür, warum der Gesetzgeber mit dem Pflegeunterstützungsgeld, der Pflegezeit und der Familienpflegezeit Angebote geschaffen hat, Pflegende finanziell und rechtlich zu unterstützen. Aber das reicht nicht aus. Als große Gefahr sehe ich, dass auch hier die Hauptlast der Care-Arbeit auf den Frauen liegen wird. Und damit landen wir im altbekannten Hamsterrad – *er* hat den besseren Job und verdient mehr –, also ist klar, wer sich um die (Schwieger-)Eltern kümmert. Nämlich *sie*. Um diesen Kreislauf zu durchbrechen, müssen wir Erwerbsbiografien von Frauen heute verändern – unter anderem, indem wir ihnen Karriereentwicklung in Teilzeit ermöglichen. Denn nur dann, wenn auf Augenhöhe diskutiert wird, besteht echte Entscheidungsfreiheit.

Alles, was wir heute tun, um eine gleichberechtigte Aufteilung von Care- und Erwerbsarbeit zu ermöglichen, zahlt also auch auf unsere Zukunft ein. Eine Zukunft, in der die Vereinbarkeit von Pflege und Karriere vielleicht ein wichtigeres Thema sein wird als die Vereinbarkeit von Elternschaft und Beruf.

#1 Care- und Erwerbsarbeit sind in unserer Gesellschaft extrem ungleich verteilt, darunter leiden Frauen und Männer auf unterschiedliche Art und Weise.

#2 Eine gleichberechtigtere Aufteilung von Erwerbs- und Care-Arbeit ist ein wichtiger Hebel, um die Karrierechancen von Frauen zu verbessern und Männern eine aktiviere Beteiligung am Familienleben zu ermöglichen.

 # 3 In den kommenden Jahrzehnten wird das Thema Pflege massiv an Bedeutung gewinnen und vielleicht sogar Elternschaft als Topthema in Bezug auf Vereinbarkeit ablösen.

TEIL II

So kann Führung in Teilzeit funktionieren!

In der Einleitung habe ich in Aussicht gestellt, dass du in diesem Buch eine Antwort auf die Frage findest, wie Führung in Teilzeit konkret funktionieren kann. Deshalb schauen wir uns in diesem Kapitel zunächst unterschiedliche Arbeitsmodelle für Teilzeitführungskräfte an – denn Teilzeit ist weder gleichbedeutend mit Jobsharing noch musst du den Job unbedingt allein machen. Neben dem Arbeitsmodell spielt auch deine Haltung als Führungskraft und die praktische Arbeitsorganisation eine große Rolle. Dazu werden wir uns mit der Welt von New Work und agilem Arbeiten vertraut machen und zum Abschluss des Kapitels den Blick aufs liebe Geld lenken. Denn auch das ist wichtig, damit Führung in Teilzeit zum nachhaltigen Arbeitsmodell wird.

1 Alles über Jobsharing, vollzeitnahe Teilzeit und Co. – Unterschiedliche Teilzeitmodelle für Führungskräfte

Zeitliche Systematisierung von Teilzeitmodellen

Wenn wir über Teilzeitmodelle sprechen, denken vielen Menschen zunächst an die klassische Vormittagsarbeit, wie sie in der Nachkriegszeit als Standardmodell unter westdeutschen Müttern verbreitet war. Bei Führung in Teilzeit spielt dieses Modell in der Praxis aber eine untergeord-nete Rolle. Der Großteil aller Teilzeitführungskräfte arbeitet mehr als 28 Wochenstunden.[68] Der Standard in der Arbeitswelt der Gegenwart ist damit die *vollzeitnahe Teilzeit* oder *Vollzeit light*. Damit werden Modelle mit 75 bis 90 Prozent der regulären Wochenarbeitszeit bezeichnet.[69] Je nachdem, wie hoch die Wochenarbeitszeit ist, kommst du damit auf Stundenzahlen zwischen 26 und 38 Stunden. Deutlich wird dabei: Wer in einem Unternehmen in Teilzeit arbeitet, schiebt in einem anderen schon Überstunden. Sollte dir also irgendwann mal das Argument begegnen, dass Führung in Teilzeit nicht möglich ist, hilft dir dieses Wissen vielleicht weiter. Denn warum sollte Führung »in Teilzeit« mit beispielsweise 35 Stunden nicht möglich sein, wo das in anderen Branchen die Vollzeitnorm ist?

Bei der vollzeitnahen Teilzeit können die Arbeitszeiten dabei sowohl regelmäßig als auch unregelmäßig über die Woche verteilt werden.[70] Bei einem Wechsel zwischen ganzen und halben Arbeitstagen wird auch vom *Wechselmodell* gesprochen, das auch die oft dahinterliegende wechselnde Care-Verantwortung miteinbezieht.

Gerade für Eltern ist das Wechselmodell im Hinblick auf die gleichberechtigte Aufteilung von Care- und Erwerbsarbeit ein Gamechanger. Auch ich arbeite bis heute darin und habe sehr gute Erfahrungen damit gemacht. Denn die langen Arbeitstage ohne harten Anschlag ermöglichen ein entspannteres Arbeiten und schaffen gleichzeitig Raum für Abendtermine oder Geschäftsreisen. Dabei ist zwischen den Partner:innen und seitens des Unternehmens natürlich auch Flexibilität gefragt. Ab und zu

regelmäßige Verteilung der Arbeitszeit

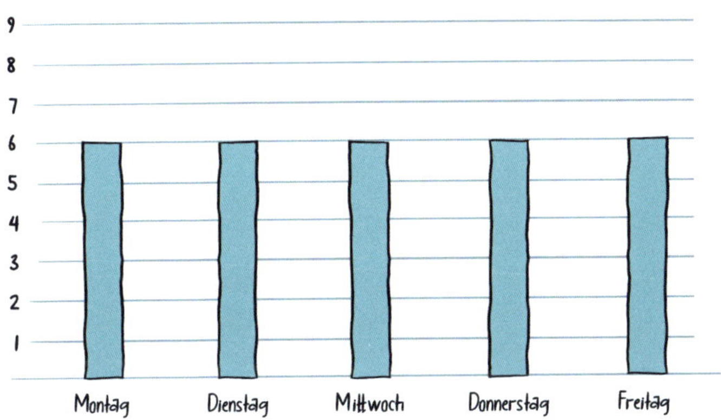

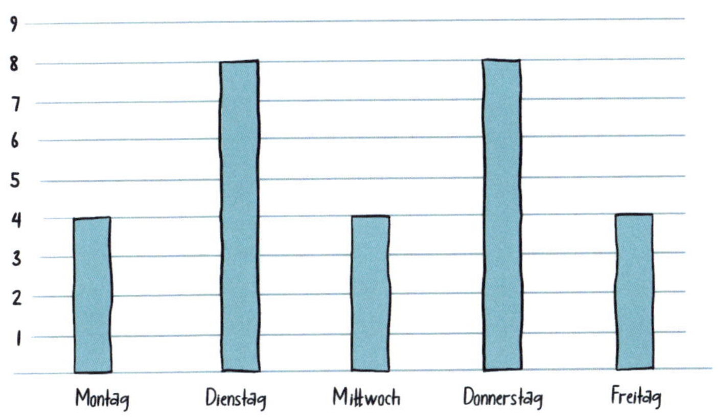

die Tage zu tauschen, wenn das bei beiden Partner:innen möglich ist, und Arbeitstermine nach Möglichkeit an die Verfügbarkeit der Teilzeitführungskraft anzupassen ist Teil des Gesamtpakets. Auf der anderen Seite bringt das Modell auch oft Ruhe in die Partnerschaft – denn wer sich an der gleichberechtigten Aufteilung von Care- und Erwerbsarbeit versucht, kennt das Problem: Kinder werden krank, und die Betreuung fällt aus. Aus diesem Grund macht es Sinn, dass der oder die Partner:in mit dem kurzen Arbeitstag in der Regel die Kinderbetreuung übernimmt. Getauscht werden kann dann immer noch.

Mit Ines Imdahl, Unternehmerin, Autorin und Mutter von vier Kindern, habe ich darüber gesprochen, wie ihre persönliche Vereinbarkeit aussieht und warum das Wechselmodell für sie – ganz unabhängig von der Frage Teilzeit- oder Vollzeit – fast schon alternativlos war, um ihre Balance aus Beruf und Familie zu leben.

Johanna: Wie bist du mit dem Thema Vereinbarkeit von Familie und Beruf in Kontakt gekommen?
Ines: Ich wollte nie Kinder haben – und jetzt habe ich vier (lacht). Insofern musste oder wollte ich mich von Anfang an mit dem Thema Vereinbarkeit auseinandersetzen. Denn der Grund, warum ich ursprünglich keine Kinder haben wollte, war, dass ich mir nie vorstellen konnte, nicht zu arbeiten. Ich mache forschende Psychologie, und mich interessiert das Thema einfach wahnsinnig. Ich konnte es mir nie wirklich vorstellen, zu Hause zu bleiben und nicht zu arbeiten. Deshalb haben mein Mann und ich uns gleich zu Beginn der Schwangerschaft – und eigentlich auch schon davor – darüber unterhalten, wie Kinder und Karriere für uns funktionieren könnten, und ein gemeinsames Modell entwickelt. Und das ist auch mein Rat an alle Paare heute: Macht euch vorher Gedanken und sagt nicht, wir warten mal, bis das Kind da ist.
Johanna: Wie habt ihr euch Care- und Erwerbsarbeit aufgeteilt?
Ines: Für uns war klar, dass wir beide in Vollzeit arbeiten wollten, weil wir ein Unternehmen zusammen führen – den rheingold salon –, und uns war es sehr wichtig, Zeit mit den Kindern zu haben. Also haben wir die Woche in lange und kurze Tage aufgeteilt und vereinbart, dass wir immer

abwechselnd sechs beziehungsweise zehn Stunden arbeiten. Dabei kommen unterm Strich 40 Stunden pro Person raus, weil wir die Freitage abgewechselt haben.

So haben wir das ganze Jahr durchgeplant und uns abwechselnd ab 14 oder 15 Uhr um die Kinder gekümmert. Montags immer ich, dienstags und mittwochs mein Mann, donnerstags wieder ich und freitags immer abwechselnd. Gleichzeitig war unsere Tätigkeit aber auch immer mit vielen Reisen verbunden, sodass wir eine weitere Regel hinzugefügt haben, um Planbarkeit für Geschäftsreisen und Kundentermine zu schaffen: Der- oder diejenige mit dem kurzen Tag war verantwortlich, wenn ein Kind krank wird. Das hat in der Regel auch ganz gut geklappt. Im Notfall haben wir uns nach Möglichkeit untereinander ausgeholfen und bei Bedarf auch mal die Tage getauscht.

Im Endeffekt haben wir so beide abwechselnd eine 38- beziehungsweise eine 42- Stunden-Woche gehabt, was ich für einen Vollzeitjob absolut im Rahmen finde. Ich habe jeden zweiten Nachmittag meine Kinder gesehen und bin genauso zu den Schwimmkursen und aufs Fußballfeld gegangen wie mein Mann. Wir haben aber auch unterschiedliche Dinge mit den Kindern gemacht und unsere jeweiligen Stärken eingebracht. Mein Schwerpunkt waren immer Mathematik und die Naturwissenschaften, mein Mann war besser in Sprachen und Geschichte und konnte hier stärker unterstützen.

All das haben wir für uns selbst entwickelt und auch gegen Widerstände durchgesetzt. Denn vor 20 Jahren gab es noch so gut wie keine Beispiele und Role Models, an denen wir uns hätten orientieren können. Als ich gemerkt habe, wie sehr das Thema für Eltern heute noch immer relevant ist, habe ich unser Modell via LinkedIn veröffentlicht und daraufhin enorm viel positives Feedback erhalten.

Über diesen QR-Code kommst du direkt zum ganzen Gespräch im Podcast!

Ein anderes wichtiges Modell, das viel diskutiert wird, ist die *4-Tage-Woche.* Landläufig wird darunter eine unregelmäßige Aufteilung der Arbeitszeiten auf vier Tage verstanden. So ein freier Tag funktioniert für viele Menschen gut, die sich mehr Freizeit, Zeit für ein Hobby oder Sidepreneurship wünschen. Die tageweise Trennung von Erwerbsarbeit und dem Rest des Lebens sorgt dafür, dass es Führungskräften in diesem Modell oft leichter fällt, die Stundenreduzierung auch wirklich umzusetzen. Gleichzeitig besteht auch hier die Gefahr, dass an den anderen Tagen einfach mehr gearbeitet wird. Für Menschen mit Care-Verantwortung ist das Modell oft weniger passend, da damit in der Regel keine Abdeckung der betreuungsfreien Zeiten möglich ist. Beschäftigt man sich aber näher mit Initiativen zum Thema, wird deutlich, dass Organisationen wie »4 Day Week Global«, mit denen in Deutschland aktuell ein Pilotprojekt zur 4-Tage-Woche läuft, sich für etwas anderes einsetzten: Hier werden unter dem Begriff Modelle verstanden, die eine Arbeitszeitreduzierung bei vollem Lohnausgleich umsetzen. Ob das dann in drei oder vier Tagen erfolgt und die Arbeitszeit regelmäßig oder unregelmäßig verteilt wird, ist nicht entscheidend. Im Zweifel gilt also: erst mal nachfragen, was im Unternehmen unter dem Begriff 4-Tage-Woche verstanden wird.

Inhaltliche Systematisierung von Teilzeitmodellen

Für dich als Teilzeitführungskraft ist der Fit zwischen Arbeitszeit und Arbeitsvolumen ein entscheidender Erfolgsfaktor. Und dieser wird zunächst nicht über die zeitliche Lage der Arbeitszeiten erreicht, sondern über die Art und Weise, wie die Arbeitslast auf dir als Führungsperson verringert wird. Blickt man aus dieser Perspektive auf Teilzeitmodelle für Führungskräfte, lassen sich vier wesentliche Modelle unterscheiden, die hinsichtlich der Anzahl der beteiligten Personen und ihres Komplexitätsgrades differieren und somit auch unterschiedliche Anforderungen hinsichtlich der Veränderungsbereitschaft an die jeweiligen Unternehmen stellen: das *Effizienzmodell,* die Arbeit im *Co-Leadership,* das *Vertretermodell* sowie *Shared Leadership.* Die folgende Illustration zeigt die Modelle im Überblick, so wie ich sie in meiner Erfahrung erlebe.

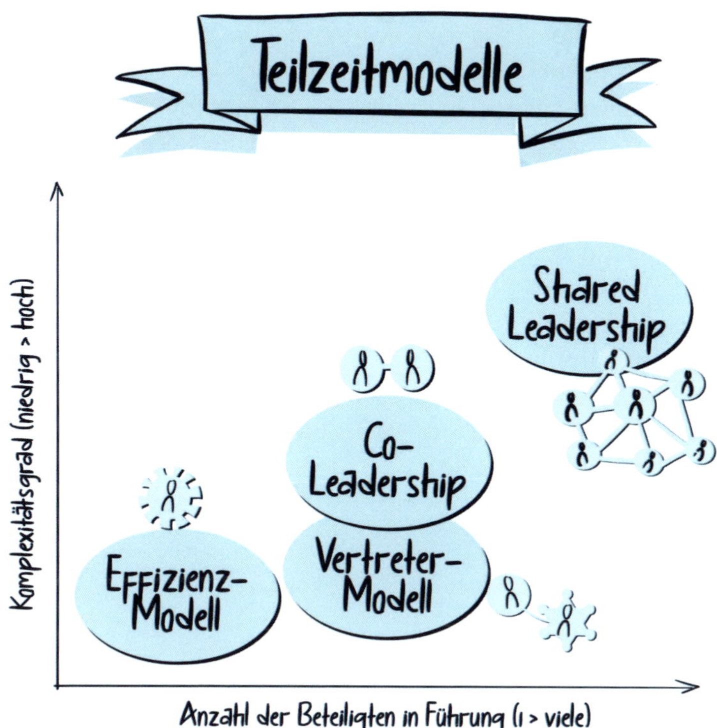

Mit einem geringen Komplexitätsgrad und nur einer Person mit Führungsverantwortung steht das *Effizienzmodell* ganz links unten. Dieses Führungsmodell ist einfach in der Praxis umzusetzen, kann aber auch schnell zu einer Überforderung der Teilzeitführungskraft und dem Gefühl führen, auch außerhalb der vereinbarten Arbeitszeiten ständig erreichbar sein zu müssen. Um das zu vermeiden, ist das *Vertretermodell* eine gute Alternative. Hier ist mit deinem Vertreter oder deiner Vertreterin eine weitere Person in die Führungsrolle eingebunden, die abhängig von deinem Arbeitszeitgrad Teile deiner Führungsaufgaben übernimmt. Das Modell reiht sich somit mit einem etwas höheren Komplexitätsgrad und zwei Beteiligten in der Grafik etwas weiter rechts oben neben dem Effizienzmodell ein. Mit *Co-Leadership*, auch *Topsharing* genannt, bist du nie allein unterwegs, denn hier sind immer zwei Personen auf Augenhöhe an der Führungsrolle beteiligt. Das steigert die Komplexität des Modells – gleichzeitig kapselt gut gemachtes *Co-Leadership* diese Komplexität nach außen weitgehend. Im besten Fall kann das Umfeld also so weiterarbeiten, als wäre nur eine Führungskraft an Bord. In der Grafik ist es deshalb rechts neben dem Effizienzmodell etwas weiter oben eingezeichnet. Das rechts oben stehende *Shared Leadership* ist ein spannendes Modell für Umfelder, in denen rollenbasiertes Arbeiten bereits gelebt oder im Kommen ist. Hier wird die Führungsverantwortung auf mehrere Personen im Team verteilt. Das klingt erst mal komplex, ist aber in agilen Umfeldern und im Kontext von New Work der nächste logische Schritt. Bei New Work geht es unter anderem um die Frage, wie Arbeit selbstorganisierter gestaltet und Führungsverantwortung auf mehrere Schultern verteilt werden kann, um den veränderten Rahmenbedingungen in unserer (Arbeits-)Welt und den Bedürfnissen von uns Menschen wieder besser zu entsprechen.

Im folgenden Kapitel stelle ich dir die vier Modelle im Detail mit ihren Vor- und Nachteilen vor und werde Role Models zu den einzelnen Varianten präsentieren.

Das Effizienzmodell

Als ich in die Rolle als Teilzeitführungskraft gestartet bin, hatte ich mir keine großen Gedanken über das Modell gemacht. Dass ich die Rolle allein übernehmen würde, stand außer Frage – von so etwas wie Jobsharing oder Führung im Tandem hatte ich damals noch nie gehört. Die private Seite war schnell geklärt. Mein Mann wollte auch schon vor dem Jobangebot in Elternzeit gehen, und meine Mutter war damals frisch in Rente und bereit, sich mit um meine Tochter zu kümmern. Wie hingegen die berufliche Seite funktionieren würde, war mir nicht sofort klar. Zwar hatte ich einige Monate Zeit, mich auf die neue Rolle vorzubereiten. Aber wirklich viel Raum für andere Gedanken und Überlegungen war da nicht. Für mich war nur klar, dass ich zwei Nachmittage frei haben wollte, um mich um meine Tochter zu kümmern. Einen weiteren Nachmittag würde mein Partner übernehmen, zweimal in der Woche war die Oma eingeplant. Und so habe ich zwei halbe Tage von den 38,5-Stunden Regelarbeitszeit abgezogen und vorsichtshalber auf 30 Stunden abgerundet. Viel mehr Kalkül war nicht dahinter.

Heute weiß ich, dass ich in großen Anteilen eine klassische Vertreterin des Effizienzmodells[71] war. Für Arbeitgebende ist das Modell einfach umzusetzen – die Abwesenheit der Führungskraft ist nur wenig spürbar, und der Aufwand für die Umsetzung hält sich in Grenzen. Auch für dich als Teilzeitführungskraft ist das Modell mit relativ wenig Veränderung verbunden. Dieses Modell wirkt sich zudem meist nur wenig auf das Arbeitspensum aus, denn die Führungskräfte erledigen meist ähnlich viel wie ihre Vollzeitkolleg:innen. Und genau das ist auch der Pferdefuß. Denn wer dieselben Aufgaben wie andere in weniger Zeit erledigt, muss effizienter und verdichteter arbeiten.

Das ist manchmal auch der Grund, warum Teilzeitführung generell infrage gestellt wird oder Teilzeitführungskräfte aufgeben: weil es einfach zu viel ist oder das Geld im Verhältnis zur Leistung nicht stimmt. Aus diesem Grund empfehle ich das Modell nur dann, wenn du mindestens 80, eher 85 Prozent und mehr arbeiten möchtest und das Gefühl hast, deinen Job durch Effizienzgewinne auch in weniger Zeit gut schaffen zu können. Gleichzeitig solltest du darauf achten, dass deine Führungsrolle um nicht führungsrelevante Tätigkeiten wie zum Beispiel das Kalendermanagement oder die Erstellung von Präsentationen entschlackt wird. Gerade administrative Tätigkeiten können viel Zeit fressen und dich als Teilzeitführungskraft in diesem Modell schnell in Bedrängnis bringen. Daher solltest du bereits vor dem Einstieg in die Rolle klären, inwieweit du Support für die Aufgaben aus dem Team oder an anderer Stelle bekommen kannst. Optimal ist es, wenn das Unternehmen das bei dir eingesparte Gehalt in zusätzliche Ressourcen wie zum Beispiel eine:n Werkstudent:in oder eine Assistenz investiert.

Melanie Belitza hat viele Jahren in Teilzeit geführt, um mehr Zeit für ihre persönliche Weiterentwicklung zu haben. Ich habe im Interview mit ihr darüber gesprochen, wie sie ihren Teilzeitwunsch in die Tat umgesetzt hat.

Johanna: Was hat dich motiviert, deine Arbeitszeit zu reduzieren?
Melanie: Die Reise startete 2019, da war ich auf der Suche nach Veränderung, nach neuen Zielen, neuen Herausforderungen, und dabei sind mir ganz viele neue Themen begegnet. Neue Arbeit, lebenslanges Lernen, Netzwerke – und innerhalb kürzester Zeit hatte ich einen pickepackevollen

Backlog an Büchern und Artikeln, die ich lesen wollte. Die Podcast-Liste wurde länger und länger, Events und Meetups füllten den Kalender – und ich hatte absolut keine Ahnung, wann ich das alles lesen, hören oder zeitlich unterkriegen sollte.

Also wurden Ideen gewälzt, man könnte nach einem Sabbatical fragen, ganz aussteigen, eine Lern-Auszeit nehmen, vielleicht noch mal studieren oder das mit Praktika in Start-ups verbinden. Aber so richtig wollte irgendwie nichts zünden oder zu mir passen, und in der Diskussion meinte dann mein Partner im Nebensatz »Eigentlich müsstest du ja nur Stunden reduzieren«. Und so entstand mit ein wenig Recherche im Anschluss die Idee einer 4-Tage-Woche mit einem fünften freien Tag zum Lernen, Netzwerken und Reflektieren.

Im nächsten Schritt habe ich dann drüber nachgedacht, ob das fliegen könnte. Passt das dazu, wie ich führen möchte? Kriege ich meine Rolle entsprechend um- und neuorganisiert? Was könnte die Außenwirkung dieser Entscheidung sein? Eins war für mich ganz klar: Das mache ich auf keinen Fall auf dem Rücken meines Teams. Wenn Teilzeit der Weg ist, dann muss der für uns alle funktionieren. Also habe ich einen Plan erstellt, wie das Ganze aus meiner Sicht erfolgreich bei der Arbeit klappen könnte, und auch parallel für mich überlegt, wie so ein Teilzeittag aussehen soll, was ich erreichen möchte. Denn die Teilzeit ist in dem Fall ja ein Invest in mich selbst.

Mein Wunsch war es, meinen Fokus zu erhöhen und damit auch meine Effizienz zu steigern, meinem Team die Möglichkeit zu mehr Selbstverantwortung zu geben und durch die Themen meines freien Tages mehr Impulse in unseren Arbeitsalltag mitzubringen. Ich habe großes Potenzial darin gesehen, mehr Zeit für Reflektion zu haben.

Johanna: Du hast von fünf auf vier Tage reduziert und im Endeffekt 20 Prozent deiner Arbeitszeit eingespart. Wie hast du das gemacht?

Melanie: 20 Prozent zu reduzieren war tatsächlich das Ergebnis einer Lernreise, in der ich meinen Arbeitsalltag komplett auf den Kopf gestellt habe. Ich habe mir überlegt, was Sinn ergibt und wie ich mit meiner Zeit umgehe. Was mir sehr geholfen hat, war, alle Meetings zu hinterfragen. Ich hatte mir eine Checkliste gemacht, um zu schauen: Macht das Meeting wirklich Sinn und bringt es einen Mehrwert, teilzunehmen? So habe ich die Zeit in Meetings auf ein minimales, aber trotzdem natürlich noch sinnvolles Maß reduziert.

Außerdem habe ich alle meine »Durchlauferhitzer-To-dos« zusammengeschrieben und gestrichen, habe also geschaut, an welchen Stellen es effektiver ist, wenn sich die Experten und Expertinnen direkt zusammensetzen. Zudem habe ich alle Anfragen auf regelmäßige Rückfragen gecheckt und überlegt, was ich tun kann, um diese Anfragen zu reduzieren: beispielsweise ein FAQ-Dokument pflegen, die Prozessdokumentation verbessern oder die Bekanntheit, wo alle diese Dinge liegen, steigern.

Transparenz der Verantwortlichkeiten im Team war ein weiterer wichtiger Faktor. Wir haben uns so organisiert, dass die Verantwortung geteilt war. Es gab klare Zuständigkeiten, Transparenz über die Aufgaben in einem Kanban-Board und eine gemeinsame Planung. Damit lief das Tagesgeschäft. Sollte ich gebraucht werden oder es Eskalationen geben, wurde ich von meinem Team mit eingebunden.

Ein weiterer wichtiger Punkt war: Ich neige zur Begeisterung, was Sonderaufgaben angeht, neue Themen und Arbeitsgruppen, ich möchte gern irgendwie überall dabei sein ... Da half es am Ende des Tages nur, zu überlegen, ob ich für eine Aufgabe wirklich Kapazität habe. Das war nicht immer einfach und galt übrigens genauso für bestehende Projekte, Arbeitskreise und Meetings. Ich habe mich immer gefragt, wo bin ich wirklich mit Sinn und Mehrwert dabei, und wo bin ich nur dabei, weil es sich so gehörte oder ich glaubte, nicht absagen zu können. Und was unterm Strich noch wichtig war, war, die neu gewonnene Zeit direkt zu blocken und damit achtsam umzugehen.

Über diesen QR-Code kommst du direkt zum ganzen Gespräch im Podcast!

Vertretermodell

Um die Nachteile des Effizienzmodells vor allem in Hinblick auf die Be- oder sogar Überlastung der Teilzeitführungskraft auszugleichen, bietet sich das *Vertretermodell* als interessante Alternative an. In Abwesenheit der Führungskraft – und das ist dann eben nicht nur Urlaub oder Krankheit – übernimmt der oder die Stellvertreter:in das Ruder. Dabei wird von Anfang an festgelegt, welche Kompetenzen der oder die Stellvertreter:in während der Abwesenheit der Führungskraft hat und was nicht ohne ihre Zustimmung entschieden werden darf. Aus Unternehmenssicht ist das eine Lösung, die wenig Änderung in der Zusammenarbeit des Teams und im Team selbst nach sich zieht. Gleichzeitig ist das Modell ein wirksames Personalentwicklungsinstrument – der oder die Vertreter:in kann in eine Führungsrolle hineinschnuppern und von der Erfahrung der Teilzeitführungskraft profitieren. Dabei können ähnliche Effekte wie beim Jobsharing entstehen, was beispielsweise den Wissenstransfer zwischen Vertreter:in und Führungskraft angeht. Das Modell kann deshalb auch in Situationen, in denen ein Führungswechsel ansteht, und unabhängig von der Teilzeitquote des oder der Vorgesetzten zum Einsatz kommen. In diesem Fall werden einfach feste Themen oder Projekte dauerhaft an den oder die Vertreter:in delegiert.

Der Teilzeitführungskraft ermöglich das Vertretermodell, ihre vereinbarten Arbeitszeiten einzuhalten. Denn es ist ja immer jemand da, wenn man selbst frei hat. Es macht eine wirkliche Entlastung möglich, die nicht auf reinen Produktivitätsgewinnen basiert. Das ist für die Zufriedenheit der Teilzeitführungskraft mit dem Modell wichtig und unterstützt die Life-Balance. Damit Vertreter:in und Teilzeitführungskraft auf Dauer mit dem Modell zufrieden sind, ist es wichtig, dass beide Seiten davon profitieren. Es gibt Menschen, die sich langfristig mit dieser Rolle »in der zweiten Reihe« wohlfühlen und für die das ein passendes Arrangement ist. Für andere wiederum ist es vielleicht eher die Vorbereitung auf den nächsten Karriereschritt und die Übernahme von eigener Führungsverantwortung.

Deshalb plädiere ich dafür, von Anfang offen darüber zu sprechen, wie Vertreter:in und Teilzeitführungskraft sich die mittel- bis langfristige Entwicklung vorstellen. Denn aus dem Modell kann ganz organisch auf Dauer ein echtes Topsharing entstehen, wenn beide Partner:innen das wünschen. Auf der anderen Seite ist es auch völlig in Ordnung, wenn das Modell auf Zeit angelegt ist, beispielsweise weil die Teilzeitführungskraft bald wieder Vollzeit arbeiten wird oder der/die Vertreter:in eine eigene Führungsposition anstrebt. Und: Das Vertretermodell kann auch eine Lösung sein, wenn »echtes« Jobsharing mit zwei Personen auf einer Hierarchieebene aktuell nicht möglich oder gewünscht ist. Bewährt sich das Modell, kann sich daraus ein echtes Führungstandem entwickeln.

Tobias Leisgang ist Führungskraft bei einem Automobilzulieferer und hat seine Arbeitszeit schrittweise auf drei Tage die Woche reduziert. Seine Vertreterin kümmert sich während seiner Abwesenheit um das Team.

Johanna: Wie hast du deine Arbeitszeitreduktion umgesetzt?
Tobias: Ich war schon vorher der Typ, der zum Beispiel vor dem Urlaub organisiert hat, dass eine Vertretung im Team da ist und dass das Team möglichst autonom arbeiten kann. Wichtig war mir immer schon, dass das Team auch ohne mich klarkommt, wenn ich mal länger weg sein sollte. Also gab es bereits eine Vertreterregelung im Team, und diese Rolle haben wir einfach ausgeweitet. Mein:e Vertreter:in hat an meinem freien Tag das übernommen, was dringend angefallen ist. Termine an dem Tag habe ich bewusst nicht angenommen. Manche Kolleg:innen haben dann den Termin auf einen anderen Tag verlegt. Aber grundsätzlich hat es ganz gut funktioniert. Denn es war immer jemand da im Team, der an meinen freien Tagen für dringende Anfragen bereitstand.

Außerdem habe ich die eine oder andere Sache, die ich vorher selbst gemacht habe, delegiert und damit jemandem im Team eine Chance gegeben. Das war auch ganz gut – denn manchmal habe ich Dinge doch lieber selbst erledigt, ohne vorher zu überlegen, ob das nicht auch jemand anderes im Team kann. Gleichzeitig habe ich mir natürlich viel öfter genau diese Frage gestellt: Kann das jemand anderes auch? Und gleichzeitig weiß ich, dass er oder sie es vielleicht nicht so wie ich macht – und an der Aufgabe wachsen kann. Und dann gab es auch die eine oder andere Aufgabe, die ich nicht mehr gemacht habe. Da bin ich meinen Kalender durchgegangen, habe mich gefragt, was ich so an Terminen mitgeschleppt habe, und die Chance genutzt, ein bisschen aufzuräumen.

Johanna: Du hast deine Arbeitszeit schließlich um einen weiteren Tag reduziert. Welche Veränderungen hat das in deinem Arbeitsmodell ausgelöst?
Tobias: Ich würde sagen, das ist eine Fortführung von dem, was wir schon gemacht haben. Und ich glaube, das ist auch der Weg, den ich langfristig beschreiten will. Es ist für mich spannend zu sehen: Wie kann ich das traditionelle Bild von Führung verändern? Welche Aufgaben der Führungskraft kann das Team übernehmen? Was kann vielleicht eine Person, die sich selbst auf dem Weg zur Führungskraft befindet, machen? Was sind Dinge, die wegkönnen oder die man effizienter oder schneller erledigen kann? Was kann ich automatisieren?

Konkret machen wir das mit der Vertreterregelung weiter – es ist halt jetzt einfach mehr Vertretung. Das hat bisher funktioniert, warum soll es nicht auch mit zwei Tagen die Woche klappen? Gleichzeitig ist das Unternehmen mir gegenüber flexibel. Und ich lege Flexibilität gegenüber dem Unternehmen an den Tag. Wenn mal eine Woche ist, in der es mich wirklich braucht oder in der ich in einem Projekt stark eingebunden bin, dann arbeite ich in dieser Woche mehr, wenn es zu meinen anderen Terminen passt. Und dafür gibt es andere Wochen, in denen ich nur zwei Tage am Stück mache oder zwei halbe Tage zusätzlich an meinem Side-Business arbeite, die Buchhaltung mache oder mich um meine Steuererklärung kümmere.
Johanna: Führen in Teilzeit bedeutet auch, Verantwortung zu teilen. Mit dem Team, mit anderen. Was hat das mit dir gemacht?
Tobias: Ich bin jemand, der auch vorher schon Grundvertrauen ins Team hatte. Und auch wenn mal was schiefgeht, dann ist es für mich kein Weltuntergang. Ich arbeite im Bereich der Innovation. Da ist es ganz logisch, dass wir mal »scheitern«. Ich denke, dass Irrtümer dazugehören, und deswegen tue ich mir da vielleicht auch ein bisschen leichter als jemand, bei dem es auf null Fehler ankommt oder dem dieses Vertrauen schwerer fällt.

Gleichzeitig habe ich mich das ein oder andere Mal gefragt: Warum habe ich das nicht schon vorher so gemacht? Jemand anderes machen lassen oder mehr Aufgaben abgegeben? Es spricht ja auch in Vollzeit nichts dagegen. Interessant ist auch, den Kontext zu wechseln. Also zu sehen, wie verhalte ich mich in meiner Rolle als Angestellter, und wie verhalte ich mich in meinem Side-Business? Wie risikobereit bin ich auf der einen Seite und wie auf der anderen? Was traue ich mich zu sagen oder zu tun, und wie gehe ich an die Dinge heran? Gefühlt mache ich mehr Quatsch im Side-Business oder lasse da mal eher Fünfe gerade sein.

Über diesen QR-Code kommst du direkt zum ganzen Gespräch im Podcast!

Co-Leadership oder Topsharing

Aber Führung in Teilzeit geht nicht nur allein. In aller Munde ist gerade das sogenannte *Topsharing* oder *Co-Leadership* – so nennt man es, wenn sich zwei Personen eine Führungsposition teilen. Über die damit verbundenen Arbeitszeitanteile gibt die Bezeichnung keine Auskunft. Co-Leadership – so wie ich persönlich es lieber nenne, weil der Begriff den Fokus auf die gemeinsame Ausübung der Führungsrolle setzt – kann sowohl in Teilzeit als auch in Vollzeit ausgeübt werden. In vielen Fällen arbeiten aber beide Tandem-Partner:innen Teilzeit, oft beträgt dabei der Arbeitszeitanteil zusammen mehr als 100 Prozent.

Wichtige Voraussetzungen, damit Co-Leadership gelingt, sind ein ähnliches Wertesystem und eine gemeinsame Vision bei den Tandem-Partner:innen. Denn das erleichtert es in der Praxis, Entscheidungen zu treffen – ein gemeinsamer Nordstern gibt den Rahmen vor. Aber auch ein geteiltes Führungsverständnis und passende Leadership-Kompetenzen bei den Partner:innen sind wichtig. Wenn ein:e Partner:in eher einen kontrollierenden Führungsstil hat und der andere seinen Mitarbeitenden gern maximale Freiheiten setzt, ist der Konflikt vorprogrammiert oder zumindest mit viel Abstimmungsarbeit zu rechnen. Generell brauchen Führungskräfte im Tandem die Bereitschaft und Fähigkeit zu einer transparenten und auf Abstimmung basierenden Arbeitsweise. Wer also am liebsten allein vor sich hinarbeitet, tut sich vermutlich schwer. Aber der letzte und aus meiner Erfahrung wichtigste Punkt: Die Chemie zwischen den Partner:innen muss stimmen. Das bedeutet aber nicht, dass man sich ähnlich sein muss. Gerade Tandems bestehend aus Personen mit unterschiedlichen Stärken und Qualitäten funktionieren oft sehr gut, da sie sich optimal ergänzen. Deshalb gibt es auch immer wieder Fälle, in denen Tandem-Partner:innen teilweise über Jahre zusammenarbeiten und sich auch gemeinsam weiterbewerben. Wer einmal den passenden Deckel gefunden hat, bleibt gern dabei.

Diese Abhängigkeit von einem Partner und dessen Karriere- und Lebensverlauf ist gleichzeitig auch die zentrale Schwachstelle des Modells. Des Weiteren entsteht durch die geteilte Führungsverantwortung zwischen zwei Personen auf Augenhöhe Abstimmungsbedarf – und der kostet ganz einfach Zeit. Damit dem Tandem dafür genug Zeit bleibt, wird deshalb mindestens eine 60-Prozent Besetzung pro Person empfohlen. Auch sind zwei Mitarbeitende für das Unternehmen erst mal teurer als eine:r – Hardware und Weiterbildungskosten mal zwei werden oft als Gegenargumente genannt.[72]

Wenn das Modell gut funktioniert, kann Führung im Tandem aber sehr viele positive Effekte haben und die Kosten für zwei Arbeitsplätze und zwei Weiterbildungspläne schnell wieder wettmachen. Produktivität, Kreativität und Zufriedenheit können steigen, da sich die Partner:innen in ihren Kompetenzen ergänzen und Aufgaben nach Interesse zwischen sich aufteilen können. Unternehmen profitieren außerdem von einer besseren Entscheidungsqualität bis hin zu mehr Akzeptanz der Tandementscheidungen im Team.[73] Außerdem wird Wissen zwischen den Tandem-Partner:innen transferiert. Das nutzen manche Unternehmen, um Übergänge in Führungspositionen zu gestalten und den Wissenstransfer bei einem Führungs- oder Generationenwechsel sicherzustellen.

Zudem punkten Tandems in Bezug darauf, dass sie eine hohe Ansprechbarkeit garantieren. Durch die Besetzung mit zwei Personen ist in der Praxis die Führungsperson oft besser verfügbar – denn der oder die Vertreter:in ist im Modell schon eingebaut. Bei geplanten Abwesenheiten wie Urlauben oder Weiterbildungen gilt – in der Regel ist dann der oder die andere Tandem-Partner:in ansprechbar.[74] Das bedeutet nicht, dass ein Tandem immer 100 Prozent der Wochenarbeitszeit abdecken kann und muss – je nach individuellen Arbeitszeitanteilen kann es auch sinnvoll sein, mit »Lücken« im Wochenplan zu arbeiten, um ausreichend Zeit für die gemeinsame Abstimmung zu gewährleisten. Aber auch für die Tandem-Partner:innen selbst sind mit dem Modell viele Vorteile verbunden. Neben der Möglichkeit, in Teilzeit eine Führungsposition zu besetzen, spielen für viele Tandem-Lover auch der kooperative Arbeitsstil und die Möglichkeit des fachlichen Sparrings eine wichtige Rolle. Gerade für Menschen, die sich vor der berühmt-berüchtigten Einsamkeit einer Führungsposition fürchten oder einfach gern im Team arbeiten, bietet sich das Modell an. Zudem ist die Entlastung von Mitarbeitenden in Führungspositionen ein wichtiger positiver Effekt, von dem wiederum beide Seiten profitieren – das Unternehmen und die Führungskräfte.

In der Praxis wird die Arbeit im Co-Leadership in der Regel in einem Mix aus *Pairing* und *Splitting* organisiert. Beim Job-Pairing arbeiten beide Partner:innen gemeinsam an zugewiesenen Aufgaben. Sie teilen die Verantwortung für Erfolg oder Misserfolg von Projekten. Beim Job-Splitting arbeiten die Partner:innen unabhängig voneinander und tragen allein die Verantwortung für ihre Arbeit und Leistung, die Aufgaben einer Stelle werden also aufgeteilt. 100 Prozent Splitting entsprechen damit einer kompletten Teilung des Teams in zwei Unterteams oder einer zeitlich versetzten Verantwortlichkeit. Das ist zwar effizient, verzichtet aber auf viele der Vorteile des Jobsharings wie der Qualitätssteigerung in Bezug auf Entscheidungen oder der gesicherten Vertretung. Bei 100 Prozent Pairing, also einer gemeinsamen Bearbeitung aller Aufgaben, kann die Effizienz leiden. Aus diesem Grund wird oft ein Teil der Aufgaben gemeinsam verantwortet, während andere Teile in der Verantwortung der einzelnen Tandem-Partner:innen liegen.

Das sorgt dafür, dass effizient gearbeitet wird und die positiven Sparringseffekte zum Tragen kommen. Es gibt natürlich auch Kontexte, in denen ein Splittingmodell Sinn macht, wie beispielsweise bei der geteilten Rolle als Chef vom Dienst bei einer Rundfunkanstalt oder als Arzt oder Ärztin im Krankenhaus. Generell eher im Pairing werden Aufgaben verantwortet, die eine gegenseitige Vertretung erfordern oder in denen eine gegenseitige Einarbeitung erfolgen soll. Auch Aufgaben und Entscheidungen mit hohem Risiko sind prädestiniert für Pairing. Splitting kommt vor allem dann zum Einsatz, wenn die Kompetenz oder Expertise klar bei einem Tandempartner liegt oder Aufgaben produktiver allein erledigt werden können. Möglich ist auch eine Aufteilung nach Aufgabentyp: Fachaufgaben im Splitting und Führungsaufgaben im Pairing. Das alles können jedoch nur Leitlinien sein – das optimale Set-up muss jedes Tandem für sich finden, denn neben den Aufgaben spielen auch die individuellen Arbeitszeiten und die Unternehmens- und Führungskultur eine große Rolle.

Gut gemachtes Co-Leadership puffert die Komplexität des Modells nach außen. Für die Personen, die mit dem Tandem arbeiten, ändert sich relativ wenig; im Gegenteil, es wird ein Konstrukt hergestellt, das optimal an die Anforderungen des Umfelds angepasst ist. Gerade in Konzernen beispielsweise erfreut sich das Modell vielleicht auch deshalb zunehmender Beliebtheit. Bekannte Beispiele sind BOSCH[75] oder Vodafone[76]. Jobsharing ist für Führungskräfte mit dem Wunsch nach geringeren Teilzeitquoten oft eine gute Lösung – gleichzeitig ist das Modell nicht an bestimmte Teilzeitquoten gekoppelt und wird teilweise auch in Vollzeit genutzt.

Stefanie Junghans ist Head of Talent bei Haniel und führt ihr Team in Co-Leadership. Janina Schönitz ist Leiterin Strategie & Reporting Nachhaltigkeit und Umwelt bei der Deutschen Bahn und arbeitet ebenfalls im Tandem. Gemeinsam haben sie ein Buch geschrieben: *Co-Leadership. Jobsharing als Antwort auf eine veränderte Arbeitswelt.*

Johanna: Wie funktioniert Co-Leadership für euch in der Praxis?
Janina: Da können wir von drei Modellen berichten. Nämlich einmal das Modell, das wir jeweils in unserem Corporate-Jobs leben, und dann noch das Autorinnen-Tandemmodell. Wir konnten aus verschiedenen Perspektiven Erfahrungen sammeln. Ich beginne mal mit meinem Job als Führungskraft bei der Deutschen Bahn: Den teile ich mir jetzt schon seit über drei Jahren mit meiner wunderbaren Kollegin Miriam. Wir haben uns in unterschiedlichen Rollen Führung und Verantwortung geteilt und machen das immer noch. Im Mittelpunkt unseres Modells steht die Persona oder das Pseudonym für Miriam und Janina: MiJa. MiJa hat eine E-Mail-Adresse und einen Kalender, der für alle aus unserem Team und Umfeld einsehbar ist. Wenn in Protokollen festgehalten wird, wer von uns beiden etwas übernimmt, dann wird da MiJa eingetragen, sodass sich niemand Gedanken machen muss: Ist das jetzt eigentlich Miriam, die diese Aufgabe bearbeitet, oder ist heute Janina da? Diese Komplexität versuchen wir über MiJa komplett von unserem Außen abzuhalten, um das Modell so einfach wie möglich zu gestalten. Möglichst alle Fragen im Vorhinein zu beantworten und Eindeutigkeit zu schaffen, ist unser Ziel. Wir bearbeiten diese

Komplexität dann für uns intern: Wer macht was? Wie schieben wir uns welches To-do zu? Wie stimmen wir uns ab? Wann teilen wir uns auf? Für welche Termine? Wer geht wohin? Wann sprechen wir aber auch gemeinsam über ein Thema, weil wir glauben, dass uns das weiterbringt?

All diese Fragen machen wir zwischen uns im Hintergrund aus, sodass es für unser Umfeld nicht schwieriger oder komplexer ist, als wenn es nur eine Person in der Führung wäre. Und das hat auch die Arbeit am Buch gezeigt. Stef und ich sind überzeugt, dass man am Anfang etwas Zeit und Gehirnschmalz investieren sollte, sein Co-Leadership-Modell zu erarbeiten. Gleichzeitig entwickelt es sich auch ganz natürlich weiter. Es ist wichtig, dass man sich gut miteinander einschwingt und das eigene Modell Schritt für Schritt – auch je nach Aufgabe oder Team – weiterentwickelt. Und dafür braucht es unserer Erfahrung nach eine große Offenheit, eine hohe Lust an Kommunikation, an Abstimmungen, daran, Kompromisse zu finden, einfach an Gemeinsamkeit. Dann funktioniert es sehr gut.

Stefanie: Ich berichte gern von den zwei Modellen, die ich in meinen beiden Tandems gelebt habe. In meiner Rolle als Head of Talent arbeiten meine Kollegin Meike und ich 75 und 60 Prozent. Wir teilen uns die Zeiten und Tage auf und versuchen so, die ganze Woche abzudecken. Davor bei SAP habe ich in Vollzeit und meine Kollegin in 90 Prozent gearbeitet. Ich habe also die Erfahrung gemacht: Co-Leadership ist in unterschiedlichen Arbeitszeitmodellen möglich. Wir haben in beiden Fällen keine Persona kreiert. Das unterscheidet mein Co-Leadership-Modell oder die Modelle, die ich lebe und gelebt habe, von Janina und Miriam. Trotzdem wurden meine Kollegin und ich früher SuS genannt, weil meine Kollegin auch Stefanie heißt. Diesen Namen haben wir uns nicht selbst gegeben, er wurde uns sozusagen verliehen, und wir haben ihn einfach mitgetragen. Auch wir haben uns sehr viel Zeit für Abstimmungen genommen, teilweise auch außerhalb klassischer Arbeitszeiten – vor allem zu Beginn der gemeinsamen Zeit. Wir haben uns die Themen untereinander aufgeteilt und deshalb keinen gemeinsamen Posteingang genutzt – das wäre dann einfach zu viel Traffic gewesen. Ich glaube aber nicht, dass das eine oder das andere die richtige oder die falsche Variante ist. Man kann mit einer Variante anfangen und sich dann umentscheiden. Das geht ja immer.

Janina: Was immer stimmen muss, ist die Basis: die Werte, das Verständnis von Führung. Wohin wollen wir mit dieser Abteilung, mit diesem Thema oder mit diesem Projekt? Warum machen wir das hier, was wir tun? Da braucht es Einigkeit. Das haben wir auch in der Tandemarbeit für unser Buch gemerkt. Wir konnten uns gut aufteilen – du schreibst über den Aspekt, und ich schreibe über diesen. Dafür braucht man nicht zwangsweise eine Persona oder ein definiertes Modell. Das fügt sich. Aber dieses: »Warum machen wir das? Was wollen wir mit dem Buch erreichen? Wen wollen wir erreichen? Wie können wir einen Beitrag leisten? Was erhoffen wir uns davon auch für die Arbeitswelt?«, das ist wichtig. Wenn diese gemeinsame Basis nicht vorhanden ist, dann wird es auch schwieriger, sich die Bälle zuspielen zu können. Und das ist wichtig im Co-Leadership. Die Idee ist nicht, immer alles gemeinsam zu machen, sondern sich effizient abzustimmen. Doppelte Power, doppelte Geschwindigkeit realisieren zu können – eben auch mit enormen Vorteilen für das Unternehmen. Um diese Synergien und Potenziale heben zu können, muss man sich fast blind verstehen und schnell abstimmen können. Mit einer kurzen Nachricht oder auch einem Gespräch kann die oder der andere übernehmen, ohne dass es Reibungsverluste gibt. Im Gegenteil, es kommt sogar noch eine Perspektive on top. Das Produkt oder das Ergebnis wird nach unserer Erfahrung besser und schneller. Da profitieren alle davon, wenn die Basis stimmt.

Über diesen QR-Code kommst du direkt zum ganzen Gespräch im Podcast!

Shared Leadership

Die bisher geschilderten Modelle sind dir vermutlich schon mal begegnet, oder du hast davon gehört. Etwas außergewöhnlicher ist das Modell des *Shared Leadership,* eine Art Erweiterung des Co-Leadership-Modells, bei dem mehr als zwei Personen an Führung beteiligt sind. Führungsarbeit wird dabei oft dynamisch und dezentral auf mehrere Personen verteilt.[77] Damit das funktioniert, wird das Konstrukt Führung oft in Rollen unterteilt. In agilen Teams beispielsweise werden Führungsaufgaben unter anderem auf die Rollen Product Owner und Scrum Master verteilt. Die Product Ownerin verantwortet die fachliche Seite, der Scrum Master ist für die Zusammenarbeit im Team verantwortlich. Im Kontext von New Work wird Führung hingegen gern in drei Teilrollen beschrieben:

- Leadership: In der Leadership-Rolle finden sich alle Anteile der Führungsarbeit wieder, die Visionen aufzeigt, sie in Ziele übersetzt und Motivationsarbeit leistet.
- Management: Die Management-Rolle übersetzt Ziele in gute Prozesse und fragt, welche Taktiken und Teilschritte zum Erfolg führen.
- Coaching: In der Coaching-Rolle finden sich alle Aufgaben wieder, in denen es um die persönliche und fachliche Weiterentwicklung der Mitarbeiter:innen geht.[78]

Ich habe Shared Leadership in meiner Rolle als Teilzeitführungskraft ganz intuitiv genutzt, ohne es explizit zu kennen. Wir hatten im Team eine extreme Themenvielfalt zu verantworten – von Prozessmanagement bis hin zu Kommunikation und Organisationsentwicklung war alles dabei. Von den meisten Themen hatte ich beim Antritt meiner Führungsrolle wenig Ahnung. Mir war nur klar, dass meine Stärken vor allem im Bereich Leadership und Coaching liegen – und so habe ich mich dem Team gegenüber von Anfang an positioniert und vor allem Aufgaben aus der Managementrolle zur Disposition gestellt.

Praktisch haben wir im Rahmen von Teamworkshops auf dieser Basis eine Rollenverteilung erarbeitet, bei der die Verantwortung für die Prozesse und Taktik themenbasiert auf einzelne Mitarbeitende delegiert wurde. Das Ergebnis war eine rollenbasierte Übersicht über unseren Themen und Aufgaben, die uns als Team viele Jahre lang Struktur und Orientierung gegeben und sich auch in der Einarbeitung neuer Kolleg:innen oder in der Kommunikation nach außen bewährt hat. Für die Mitarbeitenden in den einzelnen Bereichen kam das einer Aufwertung ihrer Rolle gleich – und für mich war es der Schlüssel zum Erfolg als Teilzeitführungskraft.

Du siehst also, Shared Leadership bedeutet nicht zwangsweise, dass alle Führungsaufgaben im Team verteilt werden und du dich als Führungskraft quasi selbst abschaffst. Im Gegenteil: Formale Führungsrollen geben Organisationen Stabilität, und es braucht Menschen, die den Prozess des Shared Leadership steuern. Gleichzeitig spricht nichts dagegen, Teile der Führungsaufgaben mit dem Team zu teilen. Welche das sind, lässt sich nicht pauschal beantworten, wie du an meinem Beispiel gesehen hast, sondern hat viel mit den Kompetenzen und Potenzialen der Beteiligten zu tun – deinen ebenso wie denen deines Teams. Wenn deine Kompetenzen beispielsweise am stärksten in der Leadership- und Management-Dimension liegen, macht es vielleicht Sinn, über eine Delegation von Coachingaufgaben ins Team nachzudenken. Voraussetzung dafür ist natürlich, dass es Menschen im Team gibt, die diese Aufgaben wahrnehmen können und wollen.

Für dich als Teilzeitführungskraft bedeutet dieses Modell zwei Dinge: Zum einen ermöglicht es dir, deine Führungsrolle so zu definieren, dass sie in deiner Arbeitszeit möglich wird und auch deine Arbeitszufriedenheit steigt, zum anderen wird durch den Fokus auf bestimmte Rollen Komplexität besser bewältigt. Dir ermöglicht das Konzept, dich mehr auf deine Stärken zu fokussieren, also die Aufgaben zu übernehmen, in denen du besonders wirksam für dein Team bist. Aber auch dein Team profitiert davon, denn was für dich gilt, gilt auch für deine Mitarbeitenden: Die Produktivität steigt, Kreativität und innovationsförderndes Verhalten nehmen zu, die Teamatmosphäre verbessert sich. Zudem erhöht sich die Qualität von Entscheidungen, da oft mehre Perspektiven einfließen. Die Gründe dafür sind, dass sich durch den Shared-Leadership-Prozess oft auch die Kommunikationskultur im Team verbessert und mehr Austausch untereinander entsteht.[79] Dabei spielt auch der Effekt des psychologischen Empowerments eine Rolle, den ich im nächsten Kapitel näher beschreibe.

Aber zurück zum Shared Leadership. Auch auf Ebene der Organisation bringt das Modell Vorteile mit sich. Die Idee, dass sich Führung verändern und von Einzelpersonen auf Gruppen übergehen muss, wird nicht nur durch den Wunsch nach einer besseren Life-Balance auf Ebene der Führungskräfte getrieben. Die Gründe dafür sind auch in der Komplexität unserer (Arbeits-)Welt, dem Wertewandel hin zu mehr Augenhöhe und den Anforderungen einer postindustriellen Wirtschaft an uns Menschen zu finden. Unter diesen Rahmenbedingungen stellt sich Erfolg dann ein, wenn Menschen schnell und effektiv in der Lage sind, Lösungen für bisher unbekannte Herausforderungen zu entwickeln.[80] Lange Entscheidungswege und hierarchisches Denken sind da nicht besonders hilfreich. Mit einer Umsetzung von Ideen des Shared Leadership trägst du dazu bei, dass dein Team durch eine möglichst selbstorganisierte Arbeitsweise in die Lage ist, proaktiv und zeitnah auf Herausforderungen zu reagieren – und zwar unabhängig davon, ob du gerade anwesend bist oder nicht. Gleichzeitig entstehen mehr Flexibilität und bessere Rahmenbedingungen für Teilzeitarbeit in deiner Organisation. Mitarbeitenden und auch Führungskräften ermöglicht das, ihre Arbeitszeiten nach Bedarf zu verändern, ohne dass es einer kompletten Neubesetzung der Position bedarf. Stattdessen werden Rollen im Rahmen der persönlichen Kompetenzen neu hinzugenommen oder abgegeben.

Voraussetzungen, damit Shared Leadership funktioniert, sind ein hoher Reifegrad der Mitarbeitenden beziehungsweise des Teams – oder zumindest das Wollen und Können, diesen zu entwickeln. Und das kann auch Teil deiner Aufgabe im Shared Leadership sein. Gleichzeitig braucht es eine Unternehmenskultur, die die Verteilung von Führungsverantwortung zulässt, die eher kollektiv orientiert ist und an die Stelle von individuellem Machtstreben gemeinsame Erfolge setzt. Aber auch die organisationalen Regelungen (Governance) eines Unternehmens spielen eine Rolle, beispielsweise wenn festgelegt wird, wer Zugriff auf welche Informationen haben darf und wie stark der Entscheidungsspielraum an bestimmte Funktionen im Unternehmen gekoppelt ist. Solche institutionellen Barrieren können die Einführung von Shared Leadership massiv behindern oder sogar unmöglich machen.[81]

Doch auch unter idealen Umständen kann die Einführung von Shared Leadership mal holprig verlaufen – denn die Idee von geteilter Führung rüttelt an Gewohntem und ist für manche Mitarbeitenden ein Gegenentwurf zu dem, was sie viele Jahre lang erlebt haben. Einige Kolleg:innen werden sofort auf den Zug aufspringen, andere das Geschehen erst mal mit Vorsicht beobachten und wieder andere in den Widerstand gehen. Du gehst mit denen Schritt für Schritt voran, die Lust haben, sich auf das Abenteuer einzulassen, und lässt diejenigen aufschließen, die im Laufe der Zeit dazustoßen wollen. Aus eigener Erfahrung kann ich sagen – es lohnt sich!

Du siehst: Es gibt viele verschiedene Modelle, wie Führung in Teilzeit funktionieren kann. In der Praxis findet sich häufig ein Mix der unterschiedlichen Modelle – beispielsweise kommt es häufig vor, dass eine Teilzeitführungskraft Effizienzvorteile mit einer Vertreterregelung kombiniert. Für dich bedeutet das: Diese prototypischen Modelle liefern dir Ideen und Anregungen, wie dein individuelles Teilzeitführungsmodell aussehen kann. Ich möchte dich motivieren, dich mit den einzelnen Bestandteilen vertraut zu machen, mit ihnen an deiner Seite kreativ zu werden und das für dich, dein Team und dein Unternehmen passende Modell zu entwickeln.

#1 Für dich als Teilzeitführungskraft ist der Fit zwischen Arbeitszeit und Arbeitsvolumen ein entscheidender Erfolgsfaktor – die Basis dafür ist ein passendes Arbeitsmodell.

#2 Es gibt vier große Modelle für Führung in Teilzeit, die sich im Hinblick auf ihren Komplexitätsgrad und die Anzahl der beteiligten Personen unterscheiden: das Effizienzmodell, das Vertretermodell, Co-Leadership und Shared Leadership.

#3 In der Praxis darfst du als Teilzeitführungskraft kreativ werden und Anteile der einzelnen Modelle miteinander kombinieren.

2 Führen in Teilzeit, aber richtig – Was hat Führung in Teilzeit mit New Work zu tun?

Welche Rolle spielt dein Führungsverständnis für deinen Erfolg als Teilzeitführungskraft?

Ich kann mich gut erinnern, dass ich mit einem Gedanken in meine Rolle als Teilzeitführungskraft gestartet bin: Ich schaffe das nur gemeinsam mit meinem Team. Diese Überzeugung hat sich im Nachhinein als ziemlich hilfreich erwiesen – denn sie hat dazu geführt, dass ich von Anfang an am Empowerment meiner Mitarbeitenden gearbeitet habe. Ich wollte ein dynamisches, lebendiges Konstrukt schaffen, das auch dann funktioniert, wenn ich mal nicht anwesend bin. Denn Führung bedeutet für mich, Mitarbeitende dabei zu unterstützen, ihren Job bestmöglich zu machen, und dafür die passenden Rahmenbedingungen zu schaffen. Man könnte auch sagen: Als Führungskraft ermöglichst du deinem Team, so selbstorganisiert wie möglich zu arbeiten.

Dieses Führungsverständnis findet sich so auch im agilen Arbeiten und der New-Work-Szene wieder – oft unter den Begriff *New Leadership*. Damit sind Führungsansätze gemeint, die durch die Digitalisierung entstanden sind und die Herausforderungen der VUCA-Welt[82] berücksichtigen. Grundgedanke ist dabei, dass die in der Industrialisierung entstandene Trennung zwischen Denken (= Führung) und Handeln (= Mitarbeitende) zurückgefahren wird und der Mensch mit seinen Bedürfnissen wieder in den Mittelpunkt rückt. Führungsverantwortung wird auf mehrere Schultern verteilt, um bessere Entscheidungen treffen und schneller agieren zu können. Auch dir kann dieses Führungsverständnis viele Vorteile bieten, weil es Führung von reiner Anwesenheit entkoppelt und damit Führung in Teilzeit einfacher macht. Für Mitarbeitende bedeutet das gleichzeitig, dass sie mehr Verantwortung übernehmen dürfen.

Dass die meisten Mitarbeiter:innen genau das gern tun und in einer proaktiven Rolle ziemlich happy sind, hat mich intuitiv in meinem Menschenbild bestätigt. Erst später habe ich das Konzept des *Psychologischen Empowerments* kennengelernt und so einige Aha-Momente gehabt. In der Forschung hat sich nämlich herausgestellt, dass es viele Vorteile für Mitarbeitende hat, wenn sie proaktiv handeln und Verantwortung für ihr Tun übernehmen. Sie profitieren von einer höheren Arbeitszufriedenheit und sind psychisch gesünder.[83]

Damit diese positiven Effekte entstehen können, sind diese vier Dimensionen des psychologischen Empowerments wichtig:

- Kompetenz: Dein:e Mitarbeiter:in hat das Gefühl, die erforderlichen Kompetenzen zu besitzen, um eine Aufgabe erledigen zu können.
- Bedeutsamkeit: Dein:e Mitarbeiter:in empfindet eine Aufgabe als sinnvoll und im Einklang mit den eigenen Werten.
- Selbstbestimmung: Deine:e Mitarbeiter:in kann möglichst selbst bestimmen, wie, wann und wo sie ihre oder seine Arbeit ausführt.
- Einfluss: Dein:e Mitarbeiter:in hat das Gefühl, Einfluss auf die Ergebnisse im eigenen Arbeitsumfeld nehmen zu können.

Sind die für eine Person relevanten Merkmale ausreichend erfüllt, entsteht psychologisches Empowerment. Dabei kommt es allein auf das individuelle Erleben des Mitarbeitenden an. Die eine fühlt sich vielleicht schon dadurch selbstbestimmt, wenn sie einen Homeofficetag pro Woche machen kann. Bei einem anderen ist das Gefühl der Selbstbestimmtheit erst mit einem Remote-Only-Job erfüllt. Gleichzeitig sind nicht alle Dimensionen für alle Menschen gleich wichtig – manche legen viel Wert auf Sinn, anderen ist Bedeutsamkeit am wichtigsten, wieder andere wollen sich vor allem kompetent fühlen.

Praktisch äußert sich psychologisches Empowerment in proaktivem Handeln der Person, was wiederum zu einer Verstärkung der einzelnen Merkmale führen kann. Ein Beispiel: Ein Kollege meldet sich freiwillig für einen Vortrag zum Thema »Führen in Teilzeit«. Dabei merkt er, dass ihm das Vortragen Spaß macht und er dafür positives Feedback bekommt. Außerdem hat er das Gefühl, zu einer Veränderung im Unternehmen beitragen zu können. Durch die proaktive Handlung (»Ich melde mich

für den Vortrag«) entstehen also sowohl ein höheres Kompetenzerleben als auch das Gefühl von Einfluss. Natürlich spielen in der Realität noch weitere Faktoren wie die Unternehmenskultur, die Persönlichkeit und die Lebenssituation eine Rolle. Gleichzeitig lässt sich sagen: Psychologisches Empowerment ist eine wichtige Voraussetzung für mehr Selbstorganisation. Und das wiederum entlastet dich als Teilzeitführungskraft.

Für dich bedeutet das deshalb, dass das Erleben von psychologischem Empowerment eines deiner Ziele für deine Mitarbeitenden sein sollte. Konkret kannst du beispielsweise eine Aufgabe an eine Kollegin übertragen, von der du denkst, dass sie damit in ihrer Kompetenz gestärkt wird. Oder du übergibst einem Kollegen ein Projekt, das ein starkes Gefühl von Bedeutsamkeit bei ihm auslösen könnte. Eine wichtige Voraussetzung, um andere psychologisch zu empowern, ist, dass du dich selbst so fühlst. Denn das, was du als Führungskraft vorlebst, hat eine starke Wirkung auf deine Mitarbeitenden. Deshalb solltest du immer bei dir selbst beginnen und dich fragen, was du eigentlich brauchst, um deine Arbeit positiv zu erleben und dich empowert zu fühlen.

Mit dieser kleinen Übung kannst du deinem eigenen Empowerment-Erleben nachspüren und so wichtige Erkenntnisse für dich gewinnen. Erinnere dich an eine Situation in deinem beruflichen Alltag, in der du ...

... dich so richtig **kompetent** gefühlt hast.
... deine Arbeit als **sinnhaft** wahrgenommen hast.
... deine Arbeit **selbstbestimmt gestalten** konntest.
... **Einfluss** auf ein wichtiges Thema nehmen konntest.

Nimm dir die Zeit, jede Situation einzeln vor deinem inneren Auge ablaufen zu lassen. Reflektiere jeweils für dich und notiere deine Gedanken: Wie hast du dich gefühlt? Was war die Ursache für das jeweilige Gefühl?

Die gerade beschriebene Art von Führung setzt eines voraus – nämlich dass du deinen Mitarbeitenden Vertrauen entgegenbringst. Das Vertrauen, dass sie ihren Job so gut wie möglich machen und dich in deiner Rolle als Teilzeitführungskraft unterstützen wollen. So ein positives Menschenbild beeinflusst nachweislich das Verhalten deines Teams. Ein Beispiel: Wenn du der Meinung bist, dass deine Mitarbeitenden die Hände in den Schoß legen, wenn du nicht ständig ein Auge auf sie hast, wirst du genau das erreichen. Es entsteht eine sich selbst erfüllende Prophezeiung, die in vielerlei Hinsicht schädlich ist – nicht zuletzt, weil sie demotiviert und dafür sorgt, dass sich negativ eingestellte Führungskräfte in ihrem Menschenbild bestätigt fühlen.[84] Dieser Kreislauf funktioniert aber auch andersherum: Wenn du als Führungskraft mit dem Vertrauen agierst, dass Mitarbeitende eher motiviert sind und zum Erfolg des Teams beitragen wollen, wird sich auch eher ein positives Verhalten auf ihrer Seite entwickeln.

Was hat das jetzt mit Führung in Teilzeit zu tun? Ganz einfach: Ein negatives und auf Kontrolle ausgerichtetes Führungsbild ist für Teilzeitführungskräfte mehr als schwierig. Denn die Basis dafür bilden eine hohe Verfügbarkeit gepaart mit ständiger Anwesenheit – und beides können und sollen Teilzeitführungskräfte nicht leisten. Die Zusammenarbeit mit motivierten Mitarbeitenden, die ihren Teil beitragen möchten, erleichtert dir als Teilzeitführungskraft massiv deine Arbeit. Und macht übrigens auch mehr Spaß.

Wenn ich über das Thema Vertrauen spreche, wird mir immer wieder mal diese Frage gestellt: »Wieso sollte ich als Führungskraft meinen Mitarbeitenden einen Vertrauensvorschuss geben? Vertrauen muss man sich verdienen!« Dieser Satz offenbart genau jenes negative Menschenbild, das ich eben beschrieben habe. Menschen, die so über andere sprechen, haben vermutlich oft selbst die Erfahrung gemacht, dass ihnen nicht vertraut wurde. Warum sollten sie nun ihr Vertrauen anderen »einfach so« schenken? Meine Antwort darauf ist ganz einfach: weil sie Führungskräfte sind. In Führung zu gehen bedeutet, ein Vorbild zu sein und als Erstes über den eigenen Schatten zu springen. Gleichzeitig heißt das aber nicht, dass ich darüber hinwegsehen muss, wenn mein Vertrauen nicht erfüllt wird. Denn dann beginnt die eigentliche Führungsarbeit, in der ich mit dem Mitarbeiter ins Gespräch gehe und kläre, warum meine Erwartungen an der fraglichen Stelle nicht erfüllt wurden. Vielleicht habe ich einen Kollegen mit einer Aufgabe überfordert, oder jemand hat gerade private Probleme. Gründe gibt es unendlich viele – und es ist meine Aufgabe als Führungskraft, gemeinsam mit der Person die Situation zu klären, um anschließend zu vereinbaren, wie die Zusammenarbeit in Zukunft funktionieren kann.

Umgekehrt bedeutet das übrigens nicht, dass ein Führungsverständnis, das auf Vertrauen und den richtigen Rahmenbedingungen beruht, nicht auch in Vollzeit funktioniert. Führung in Teilzeit erzeugt eine Art

Brennglaseffekt: In Teilzeit werden oft Probleme sichtbar, die auch in Vollzeit-Führungspositionen vorhanden sind – dort aber oft durch den Einsatz von mehr Zeit »gelöst« werden. Hast du als Teilzeitführungskraft beispielsweise eine Person im Team, die ihre Arbeit nicht zufriedenstellend erledigt, kannst du das als Führungskraft in Vollzeit auffangen, indem du die Arbeit nachkontrollierst oder sogar selbst erledigst. In Teilzeit ist das auf Dauer keine Option. Stattdessen musst du mit der Person ins Gespräch gehen und herausfinden, was der Grund für ihre mangelhafte Leistung ist – um dann gemeinsam zu einer nachhaltigen Lösung zu kommen.

Natürlich liegt es nicht nur an dir allein, ein passendes Führungsverständnis zu entwickeln – die Führungskultur im Unternehmen spielt hier auch eine große Rolle. Für dich als Teilzeitführungskraft ist es hilfreich, wenn Führung im Unternehmen vor allem darauf abzielt, Mitarbeitende zu empowern, gute Rahmenbedingungen zu schaffen, das individuelle Geschäftsmodell weiterzuentwickeln und die gemeinsamen Ziele im Blick zu behalten. Denn das geht alles auch wunderbar in Teilzeit.

Mit Teilzeitführungskraft Wenke Kohl habe ich darüber gesprochen, wie sie ihre Arbeit als Teilzeitführungskraft organisiert und welche Rolle Vertrauen und moderne Führung für ihren Erfolg spielen.

Johanna: Wie ist es dazu gekommen, dass du Führungskraft in Teilzeit geworden bist?
Wenke: Ich bin wegen meines Mannes hochschwanger nach Münster umgezogen und konnte so nach der Geburt unserer beiden Kinder aufgrund der Entfernung nicht mehr bei meinem vorherigen Arbeitgeber arbeiten. 2017 habe ich dann angefangen, mich zu bewerben, und nach einiger Zeit über eine Initiativbewerbung einen Job gefunden. Einfach war es nicht, in Teilzeit einen Job zu finden, der anspruchsvoll ist und entsprechend entlohnt wird. Denn ich wollte unbedingt weiter durchstarten und dachte, ich knüpfe einfach da an, wo ich vor den Kindern aufgehört habe. Das war vielleicht ein bisschen naiv. Nach einer längeren Suche wurde mir dann angeboten, im Team anzufangen und dieses nach einem Jahr zu übernehmen.
Johanna: Wie hast du dich in der Teilzeit organisiert?

Wenke: Im ersten Jahr habe ich 20 Stunden in einer 4-Tage-Woche gearbeitet. Mittwochs war mein flexibler »freier« Tag. Je nachdem, was gerade so privat als auch beruflich anstand. Als die Führungsposition dazukam, habe ich auf 25 Stunden aufgestockt – zwei Homeofficetage und zwei Tage im Büro, der Mittwoch blieb flexibel. Die Arbeitszeiten konnte ich an allen Tagen flexibel legen, wie ich wollte.
Johanna: Das klingt fast zu schön, um wahr zu sein.
Wenke: Von der Flexibilität her ging es nicht besser. Das war echt schön – diese Möglichkeit hat es mir auch einfach gemacht, den Kindern und dem Job gerecht zu werden.
Johanna: Was denkst du – warum hat dir das dein Arbeitgeber ermöglicht?
Wenke: Ich glaube, das ist auch ein bisschen gewachsen. Die Homeofficemöglichkeit kam erst mit Corona dazu. Mein Vorgesetzter, der auch der geschäftsführende Gesellschafter war, hat mir viel Vertrauen geschenkt und gemerkt, dass die Flexibilität für alle Seiten sehr gut funktioniert. Warum sollte er es also nicht weiter unterstützen?
Johanna: Wie hast du dich in deiner Rolle als Teilzeitführungskraft deinem Team gegenüber positioniert?
Wenke: Ich habe früh darüber nachgedacht, welche Themen wirklich gemacht werden müssen oder einfach aus der Historie heraus gemacht werden und auch, was andere Personen aus dem Team von mir übernehmen können. Auch habe ich versucht, herauszufinden, wie sich meine Mitarbeitenden entwickeln möchten. Mit der Zeit hat sich dann jeder Mitarbeiter super weiterentwickelt, hat andere Aufgabenbereiche und mehr Verantwortung übernommen und ist so an sich gewachsen. Das ist total schön zu sehen. Aber man muss Geduld und Energie mitbringen. Gleichzeitig braucht es den Rückhalt der eigenen Führungskraft – also in meinem Fall meines Chefs. Er hat daran geglaubt, dass ich das hinkriege. Dieses Vertrauen zu spüren hat es einfacher gemacht.

Zum anderen ich war nie Vollzeit in dem Unternehmen. Das hat es einfacher für mich gemacht, weil ich mich nicht umstellen musste. Außerdem hatte ich ein ganzes Jahr, um mich auf den Job vorzubereiten, und habe viele Gespräche mit den Mitarbeitern geführt: Was möchtest du? Traust du dir auch mehr zu? Und bei denen, die sich nicht mehr zugetraut haben, habe ich gesagt: »Aber ich traue dir das zu. Wir machen das zusammen und Stück für Stück.« Ich finde, das ist das Schönste überhaupt, Leute wachsen zu sehen.

Dazu habe ich mit verschiedenen Delegationsstufen gearbeitet. Von »Du machst das komplett an meiner Seite« bis zu »Du machst das vollständig allein, und ich brauche nicht mal das Ergebnis sehen« war alles bei. Wichtig ist aus meiner Sicht, dass beiden Seiten klar ist, welche Delegationsstufe in Bezug auf eine bestimmte Aufgabe gilt. Das ist bis heute durchaus eine Herausforderung für mich, dies auch zu kommunizieren und nicht beim Start einer Aufgabe zu vergessen. Verantwortung abgeben – darum geht es für mich bei Teilzeitführung. Ich finde, Teilzeitführung ist moderne Führung. Dabei ist Vertrauen für mich ganz wichtig.

Über diesen QR-Code kommst du direkt zum ganzen Gespräch im Podcast!

Wie kann man als Teilzeitführungskraft effektiv kommunizieren und delegieren?

In den meisten Teams gibt es für dich als Teilzeitführungskraft zwei wichtige Stellschrauben, die du genauer betrachten solltest. Das eine ist die Kommunikation im Team – wie wird kommuniziert, auf welchen Kanälen und nach welchen Regeln, was macht gutes Feedback aus? –, und das andere ist die Art und Weise, wie Aufgaben delegiert und verteilt werden. Meiner Erfahrung nach können diese beiden Punkte den Unterschied machen, ob du als Teilzeitführungskraft gut mit deinen zeitlichen Ressourcen auskommst oder eben auch nicht.

Eine gute und effiziente *Kommunikation* ist für alle Führungskräfte wichtig. Im Rahmen dieses Buches möchte ich auf die Aspekte eingehen, die meiner Meinung nach für dich als Teilzeitführungskraft besonders relevant sind. Top-Thema und wichtigste Stellschraube sind hier in der Regel Meetings. Als Teilzeitführungskraft »verbrauchen« sie überproportional viel Zeit und sollten deshalb mit Bedacht als Kommunikationsform genutzt werden. In den meisten Teams gibt es mindestens ein regelmäßiges Meetingformat. Diese Termine dauern oft (zu) lang bei zu wenig Wirkung.

Redeanteile sind ungleich verteilt, und manche Teammitglieder nutzen diese Meetings als Bühne für sich. Andere hingegen ziehen sich zurück oder erledigen in der Zeit andere Aufgaben – gerade, wenn das Meeting online stattfindet. Laut einer Studie verbringen Mitarbeitende durchschnittlich 5,1 Stunden pro Woche in Meetings, von denen sie 2,4 Stunden als unnötig empfinden. Rund jede zweite Besprechung wird also als überflüssig angesehen.[85] Ich kann mich noch gut an »Teamsitzungen« in meinen ersten Arbeitsjahren erinnern, die im Wesentlichen daraus bestanden, dass der Chef geredet hat und alle Mitarbeiter:innen nacheinander eine Art Rechenschaftsbericht ablegen mussten. Gefühlt ging es in diesem Termin nur darum, zu zeigen, wie wichtig man ist und dass man richtig viel zu tun hat. Solche Termine sind Zeitverschwendung – und deine Zeit ist kostbar. Aber auch dein Team wird es dir danken, wenn du achtsam mit ihren zeitlichen Ressourcen umgehst. Aus diesem Grund solltest du dir diese Formate genau anschauen und folgende Fragen für dich klären:

- Welchen Zweck hat das Meeting?
- Was gehört hierher? Was nicht?
- Wer bereitet das Meeting vor?
- Wer moderiert den Termin und sorgt für die Einhaltung vereinbarter Regeln?
- Wie, wo und von wem werden Inhalte und Ergebnisse dokumentiert?

Für regelmäßig stattfindende Teammeetings hat sich eine *lebende Agenda* bewährt. Bei diesem Format bereitet sich das Meeting fast von selbst vor – du musst als Führungskraft nur dafür sorgen, dass der Termin im Kalender steht und alle wissen, wo sie ihre Agendapunkte eintragen können. Die Agenda wird gleichzeitig auch zur Dokumentation der Ergebnisse genutzt. So können An- und Abwesende später nachvollziehen, was besprochen wurde. Wichtig dabei ist, dass ihr im Team vereinbart, wer während des Meetings die Dokumentation übernimmt und welche Regeln für die einzutragenden Punkte gelten. Bewährt hat sich dabei eine Aufteilung in folgende Kategorien:

- I = Information, die ich mit dem Team teilen möchte
- M = Meinungsbild, das ich vom Team haben möchte
- E = Entscheidung, die ich einholen möchte

Wer	Art	Thema	Notizen vor oder während des Meetings	Vereinbarungen/ To-dos	Verantwortlich
JF	I	Online-Meeting Ab dieser Woche finden unsere Regeltermine online statt.	SU: Wer setzt den Termin neu auf, da Brigitte nicht da ist?	SSch setzt den Termin auf	SSch
TO	E	Teamtag Was machen wir?	Vorschläge aus dem Team: Bowling oder Wandern?	BB setzt ein Doodle zur Abstimmung auf	BB
JD	M	Vorlage Teamworkshop Neue Vorlage für Teamworkshop erstellt – was haltet ihr davon?		Feedback bitte bis 15.3. an JD	alle
…	…	…	…	…	…

Agenda/Protokoll eines Meetings

Beim Eintragen der Agendapunkte (Spalte »Thema«) nimmt der oder die Eintragende (Spalte »Wer«) auch die Zuordnung zur entsprechenden Kategorie vor (Spalte »Art«). Das bringt Mitarbeitende – und dich selbst natürlich auch – dazu, sich vorab Gedanken zu machen, ob das Thema überhaupt ins Meeting passt und was er oder sie damit bezwecken möchte. Oft werden Themen auf die Agenda gesetzt, bei denen die Zielsetzung unklar ist – daraus entstehen in der Regel ziellose und zeitraubende Diskussionen. Zu Beginn des Meetings wird die Agenda noch mal kurz überprüft, gegebenenfalls können Punkte ergänzt oder ihre Bearbeitung auch verschoben werden. Anschließend klärt der oder die Moderator:in, welche Themen als Erstes besprochen werden sollen. Das Meeting hat eine feste Dauer – Themen, die nicht oder nicht mehr drankommen, werden entweder in das nächste Meeting übernommen, eventuell doch schriftlich erledigt oder außerhalb des Termins geklärt. Ihr könnt auch mit festen Zeiten pro Thema arbeiten – das ist Geschmackssache.

Wichtige Ergebnisse oder To-dos werden durch den Moderator oder die Moderatorin direkt im Meeting festgehalten (Spalten »Notizen«, »Vereinbarungen/To-dos« und »Verantwortlich«), alternativ kann dafür aber auch eine eigene Rolle festgelegt werden. Stellt sich heraus, dass ein Thema nicht in die Runde passt, weil es beispielsweise nur einen kleinen Teil der Teilnehmer:innen betrifft, lagert ihr den Punkt aus und einigt euch kurz darüber, wann, wie und wo ihr ihn stattdessen klärt. Das kann ein weiterer Termin in kleiner Runde sein – vielleicht reicht aber auch ein asynchroner Austausch über das Kommunikationsmedium eurer Wahl aus. Als asynchron werden alle Kommunikationsformen bezeichnet, bei denen Sender und Empfänger zeitversetzt miteinander kommunizieren – wie beispielsweise in Chat-Nachrichten, E-Mails oder Kommentaren von Dokumenten. Der Vorteil an dieser Art der Kommunikation ist, dass die Nachrichten dann bearbeitet werden können, wenn es in den Zeitplan der Person passt. Gleichzeitig erzeugen komplexe Sachverhalte schnell ellenlange Threads und sind schwer zu handhaben. Ein bewusster und achtsamer Umgang mit Kommunikationswerkzeugen gehört deshalb zur Arbeit jeder erfolgreichen Teilzeitführungskraft.

Aber zurück zum Thema Meetings: Um Entscheidungen und Kommentare aus der Runde zu beschleunigen, können Handgesten nützlich sein. Wir kennen das alle aus Online-Terminen mit den Buttons »Hand heben« oder »Daumen hoch«. Ähnliche Gesten funktionieren aber auch offline und können beispielsweise dazu dienen, Zustimmung nonverbal zu signalisieren. Damit vermeidest du, dass Statements von mehreren Personen wiederholt werden, oder beschleunigst Abstimmungen in der Runde. Spannend ist auch das sogenannte Einspruchsverfahren aus der Holokratie.[86] Hier geht es darum, dass Entscheidungen besonders in Gruppen nicht die Zustimmung aller Beteiligten erfordern, sondern »nur« Einwände möglich sind, die gewissen Kriterien genügen. Wird ein Einwand geäußert, ist der oder diejenige dazu verpflichtet, an einer alternativen Lösung mitzuarbeiten, die dann wieder in die Abstimmung geht.

Natürlich kannst du die lebende Agenda auch für andere Meetingformate innerhalb und außerhalb deines Teams vorschlagen. Bist du beispielsweise Teilnehmer:in in unstrukturierten Terminen außerhalb deines Teams, ergibt sich vielleicht ja auch hier die Gelegenheit, dein System vorzustellen. Und noch ein wichtiger Hinweis zum Schluss: Bevor du darüber nachdenkst, ein Meeting effizienter zu gestalten, solltest du dir immer die Frage stellen, ob es diesen Termin überhaupt in dieser Form braucht. Der persönliche Austausch ist wichtig und schafft Nähe. Allerdings ist er auch die »teuerste« Kommunikationsform für dich als Teilzeitführungskraft und macht deshalb vor allem dann Sinn, wenn es um gemeinsame Meinungsbildung oder Lösungsentwicklung geht. Für den reinen Informationsaustausch sind asynchrone Kommunikationsformen zu bevorzugen.

Auch ehrliches Feedback ist ein wichtiges Kommunikationswerkzeug für jede Führungskraft. Das jährliche Mitarbeitergespräch kann hier nur ein Baustein sein. Am wirkungsvollsten ist Feedback dann, wenn es im direkten Kontext erfolgt. Wenn eine Präsentation gut gelaufen ist und du direkt danach deinem Mitarbeitenden spiegelst, was dir daran besonders gut gefallen hat, zum Beispiel. Oder wenn eine Mitarbeiterin zum ersten Mal einen größeren Termin moderiert und du ihr gleich im Anschluss sagst, was bei dir besonders gut angekommen ist.

Wichtig ist immer, dass du eine Ich-Botschaft sendest – denn der Einstieg mit »Du hast …« wirkt anklagend oder kann im Fall von positivem Feedback herablassend wirken. Du merkst schon – ich zähle hier lauter Beispiele mit positivem Feedback auf. Denn ich mache immer wieder die Erfahrung, dass wir bei Feedback als Erstes an etwas Negatives denken. Gleichzeitig darfst und musst du natürlich als Führungskraft auch »negatives« Feedback geben – denn das ermöglicht deinen Mitarbeitenden, sich zu verbessern. Hier habe ich sehr gute Erfahrungen damit gemacht, eine Frage zu formulieren: Wie wäre es gewesen, wenn du vor der Agenda noch einen kurzen Check-in gemacht hättest? Was meinst du, hätte sich dieser oder jener Aspekt noch als hilfreich für die Präsentation erweisen können? Was, wenn du zunächst mit dem Kollegen darüber gesprochen und dir eine zweite Meinung eingeholt hättest? Diese Art, eine Rückmeldung über Verbesserungspotenzial zu geben, stärkt die Verbindung zwischen dir und deinem Mitarbeitenden.

Feedback

Positives wie negatives Feedback gut zu formulieren ist eigentlich ganz einfach. Wichtig ist, dass du immer in Ich-Botschaften sprichst und nicht ins »Du …« verfällst. Dabei gilt folgender Dreischritt:

1. Wahrnehmung schildern
   »Ich habe beobachtet, dass …« oder »Mir ist aufgefallen, dass …«
2. Wirkung erläutern
   »Das wirkt auf mich, als ob …« oder »Das hat zur Folge, dass …«
3. Wunsch oder Frage formulieren
   »Ich würde mir wünschen, dass …, weil …« oder »Wie wäre es gewesen, wenn …«

Tipp: Übe das Feedbackgeben auf diese Art und Weise doch auch mal zu Hause mit deinem Partner, deiner Freundin oder deinen Kindern.

Feedback erzielt jedoch nur dann die eben beschriebene Wirkung, wenn du es ehrlich mit deinen Mitarbeitenden meinst. Menschen erkennen Manipulationsversuche über Feedback in der Regel schnell und fühlen sich dann von dir als Führungskraft missbraucht. Sei also auch hier so authentisch wie möglich – vielleicht hilft es dir zu Beginn, auch mal auszusprechen, dass es dir nicht leichtfällt, Feedback zu geben, du dich aber darum bemühst, weil dir die Beziehung zu deinen Mitarbeitenden wichtig ist.

Gleichzeitig ist es für dich als Teilzeitführungskraft aber mindestens genauso wichtig, gutes Feedback zu bekommen, wie es zu geben. Motiviere daher deine Mitarbeitenden, dir ihre Sicht auf die Dinge zu schildern, und übe dich darin, Feedback anzunehmen:

- Zuhören und Aufnehmen: Der Feedbackgebende schildert dir gerade seine Sicht auf die Welt. Akzeptiere, dass er die Dinge so sieht.
- Rückfragen: Wenn dir etwas unklar ist, was der Feedbackgebende gesagt hat, oder du nicht genau verstanden hast, auf welche Situation sich die Rückmeldung bezieht, frage nach.

- Zusammenfassen: Wenn der Feedbackgebende fertig ist, darfst du das Gehörte zusammenfassen und zurückspiegeln. Nutze hier unbedingt die Worte und Formulierungen des Gegenübers, nicht deine Interpretation.

Gutes Feedback aus dem Team zu bekommen ist am Anfang oft nicht ganz leicht. Wer kennt sie nicht, die Stille, die einem vor allem in digitalen Meetings oft entgegenhallt? Am besten startest du mit Einzelgesprächen; hier ist es oft einfacher, in Kontakt zu kommen. Gleichzeitig solltest du es dir zur Aufgabe machen, eine gute Feedbackkultur in deinem Team zu etablieren. Denn das hilft dir, dich und dein Arbeitsmodell weiterzuentwickeln und Probleme im Team rechtzeitig zu erkennen. Moderationstechniken und die gemeinsame Beschäftigung mit dem Thema in Workshops oder Offsites – ein- bis mehrtägige Gruppenmeetings außerhalb eures Arbeitsplatzes, um ein gemeinsames Thema zu bearbeiten – können eine gute Gelegenheit sein, um unter professioneller Anleitung das gegenseitige Feedbackgeben zu üben und den Wert dieses Prozesses für euch als Team zu erkennen.

Neben einer guten Kommunikation spielt für deinen Erfolg als Teilzeitführungskraft aber auch eine gelungene Delegation eine große Rolle. Denn eines darfst du auf keinen Fall: alles selber machen (wollen). Die Abgabe von Aufgaben ins Team will gelernt sein. Gerade am Anfang stellen sich (Teilzeit-)Führungskräfte oft die Frage: Welche Aufgaben kann ich delegieren? An wen? Und worauf muss ich dabei achten? Als Grundlage dient dabei die Definition deiner Rolle als Führungskraft. Was möchtest oder musst du selbst tun, was aber auch nicht? Welche Aufgaben sollen vollständig ins Team delegiert werden, wo möchtest du informiert werden, und wo willst du die letzte Entscheidung selbst treffen? Das alles hat viel mit deinem Teilzeitmodell zu tun, liegt aber auch in deiner Persönlichkeit und der Führungskultur im Unternehmen begründet. Das Wichtigste beim Delegieren ist aus meiner Erfahrung, dass alle Beteiligten dasselbe Bild des Entscheidungsspielraums haben, der übertragen wird. Für den oder die Mitarbeiter:in muss klar sein: Was kann ich allein entscheiden? Wo muss ich nachfragen? An welchen Stellen muss ich meine Führungskraft informieren?

Hier helfen Delegationsmodelle weiter und geben eine Vorstellung davon, welche unterschiedlichen Stufen es geben kann. Mit den Delegationsstufen steigen sowohl das Vertrauen in die Mitarbeitenden als auch die Kompetenz, die zur Erledigung der Aufgabe benötigt wird. Dein Ziel als Führungskraft sollte es dabei immer sein, so weit oben wie möglich einzusteigen, um Vertrauen herzustellen und damit arbeiten zu können. Wichtig ist aber, dass der oder die Mitarbeiter:in sich nicht überfordert fühlt. Ein leichtes »Kann ich das wirklich?« im ersten Moment ist aber durchaus in Ordnung und normal.

1. Mitteilen	2. Erklären	3. Konsultieren	4. Vereinbaren	5. Beraten	6. Übertragen	7. Delegieren
Die FK entscheidet.	Die FK entscheidet und erklärt die Entscheidung.	Die FK lässt sich vom MA beraten und entscheidet dann.	FK und MA entscheiden im Konsens.	Der MA entscheidet, die FK berät.	Der MA entscheidet und wird im Nachgang informiert.	Der MA entscheidet.

Delegationsmatrix nach Jurgen Appelo

Wenn du dann merkst, dass deine Delegation nicht die gewünschten Ergebnisse bringt oder dein:e Mitarbeiter:in dir die Rückmeldung gibt, dass er oder sie sich unsicher fühlt, gehst du eine Stufe weiter nach unten. Und versuchst beim nächsten Mal, wieder ein Stück auf der Leiter nach oben zu klettern. Denn wir erinnern uns: Dein Ziel ist es, dass deine Mitarbeitenden in ihren Themen möglichst selbstorganisiert unterwegs sind. Gleichzeitig solltest du niemanden überfordern, denn das frustriert.

Gerade junge Führungskräfte scheuen sich manchmal davor, »Arbeit anderen aufs Auge zu drücken«. Dabei ist Delegation viel mehr als das. Eine angemessene und zielgerichtete Aufgabendelegation gibt Mitarbeitenden die Möglichkeit, zu wachsen und sich weiterzuentwickeln. Dazu muss klar sein, welche Entwicklungsfelder der oder die Mitarbeitende hat und in welche Richtung er oder sie wachsen möchte. Das findest du am besten im persönlichen Gespräch heraus. Auch muss Delegation nicht als Top-down-Prozess erfolgen, also von oben herab – in agilen Kontexten gilt oft das *Pull-Prinzip*, mit dem Mitarbeitende direkt auf Aufgaben zugreifen können, die sie interessieren oder für die sie die notwendigen Kompetenzen entwickeln wollen. Auch sendest du mit der Delegation relevanter Aufgaben und Themen ein starkes Vertrauenssignal in Richtung des Mitarbeitenden und gibst ihm oder ihr den viel zitierten Vertrauensvorschuss.

Delegation praktisch zu organisieren ist eine Herausforderung. Die Kernfrage ist, wie du gemeinsam mit dem Team den Überblick über die Themen behalten kannst. Denn auch wenn du als Führungskraft nicht zu allen Themen sofort auskunftsfähig sein musst – wer eine Aufgabe verantwortet und in welchem Status sich ein Thema befindet ist eine Information, auf die du möglichst immer Zugriff haben solltest. Selbstverständlich sollte auch eine gemeinsame Dokumentenablage wie in Teams oder Google Docs sowie eine transparente Projektdokumentation sein, um im Notfall auf wichtige Dokumente und Informationen Zugriff zu haben.

Für den Überblick über die Teamaufgaben hat sich für mich ein Kanban-Board bewährt. Bei dieser Methode werden Aufgaben auf einer in Spalten organisierten Tafel abgebildet – üblicherweise steht dabei jede Spalte für eine Arbeitsphase. Für unseren Zweck eignet sich ein Board mit Spalten wie To-do, Doing, Done und On-hold. In Kombination mit klaren Aufgaben- oder Rollenprofilen im Team kannst du so Transparenz über die Aufgabenverteilung und den Bearbeitungsstand im Team schaffen und gleichzeitig die Auslastung deiner Mitarbeitenden im Blick behalten.

In der Praxis habe ich sehr gute Erfahrungen mit der Delegation über Rollen gemacht. In meinem Fall habe ich die Fachverantwortung für die meisten Themen in mein Team delegiert. Dazu haben wir gemeinsam Rollenprofile entwickelt, die für die Verantwortlichkeiten und Aufgaben der jeweiligen Mitarbeiter:innen beschrieben wurden. In den fachlichen Lead-Rollen war beispielsweise die strategische Weiterentwicklung des Themengebiets im Rahmen unserer Gesamtziele sowie eine Zielplanung enthalten.

Ziel von Kanban ist es, einen hohen und beständigen Arbeitsfluss zu erzeugen. Dafür dürfen sich nie zu viele Aufgaben in Bearbeitung befinden. Mit unterschiedlichen Farben lassen sich Projekte, Themengebiete oder Prioritäten im Board abbilden. Für dich als Teilzeitführungskraft ist es essenziell, dass dein Team auch ohne dich funktionieren kann und operative Prozesse ohne dein Zutun funktionieren. Das klappt mithilfe der Visualisierung der Kanban-Methode wunderbar – denn es gilt die Regel, dass sich Mitarbeitende immer die nächste Aufgabe aus der To-do-Spalte ziehen, wenn sie ihre aktuelle Aufgabe beendet haben. Natürlich bildet so ein Kanban-Board auf Teamebene nicht die einzelnen Arbeitsschritte für die Teammitglieder ab – sinnvolle Gliederungsebenen können beispielsweise Projekte oder Aufträge sein. Dazu kannst du ein kurzes wöchentliches Stand-up-Meeting etablieren[87], in dem ihr im Team über die Verteilung neuer Aufgaben, die individuelle Auslastung und Möglichkeiten zur gegenseitigen Unterstützung sprecht.

Ob ihr das Board digital oder anlog aufsetzt, hängt von eurem Arbeitsmodus ab. Sobald auch nur ein Teil des Teams regelmäßig remote arbeitet, rate ich auf jeden Fall zur digitalen Variante, die immer und für alle Teammitglieder zugänglich ist. Welches Tool ihr nutzt, ist zweitranig – MS Teams beispielsweise enthält eine entsprechende App, und es gibt auch spezialisierte Programme wie Asana und Co. Wichtig ist nur, dass sich alle im Tool gut zurechtfinden und durch die Nutzung auch Vorteile für ihre eigene Arbeit erleben.

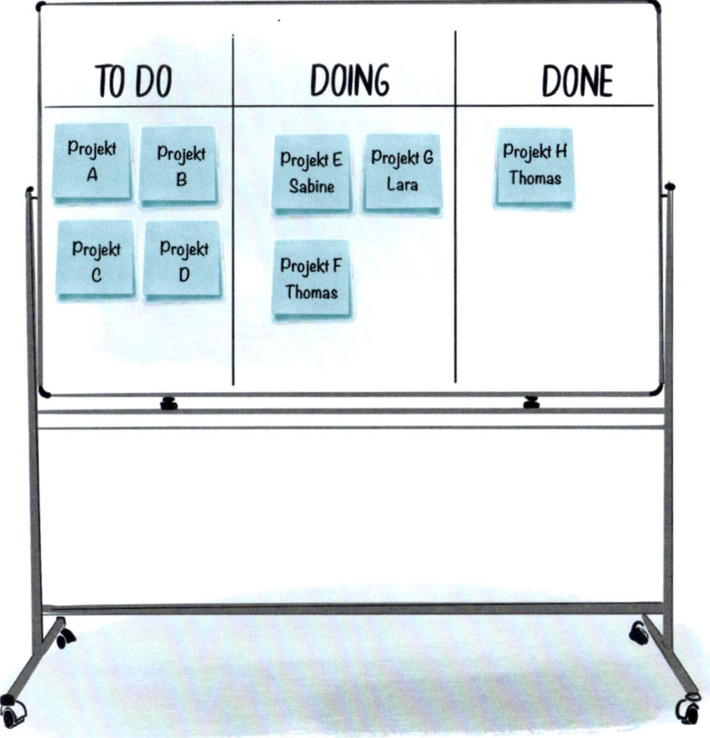

Kanban-Board zur Aufgabenplanung im Team

Mit Claudia Hafenmayr und Nicole C. Christmann habe ich unter dem Hashtag »Agile Personalentwicklung« über die Frage gesprochen, was Agilität mit der Zusammenarbeit im Tandem zu tun hat. Die beiden führen seit über fünf Jahren gemeinsam die Abteilung Learning & Development im Bayerischen Rundfunk.

Johanna: Für die Organisation eurer Zusammenarbeit und der im Team nutzt ihr Scrum, ein Framework aus der agilen Softwareentwicklung. Was bedeutet das genau, und wie funktioniert es?
Claudia und Nicole: Wir bearbeiten seit circa drei Jahren Projekte in unserem Aufgabenfeld mit Scrum, um neue Lösungen für komplexe Problemstellungen zu finden. Scrum wurde ursprünglich in im Softwarebereich entwickelt, hat mittlerweile aber auch in anderen Branchen an Beliebtheit gewonnen. Dabei handelt sich um einen agilen Ansatz, der darauf abzielt, Projekte in kurzen, sich wiederholenden Schritten voranzutreiben, um so schnellere, passgenauere und kundenorientiertere Ergebnisse zu erzielen.

In der Praxis heißt das, sich durch wiederholende Prozessphasen schrittweise dem Projektziel zu nähern. Große Aufgabenpakete werden dafür in kleine Sprints (Dauer: mindestens eine Woche, maximal vier Wochen) aufgeteilt. Ziel ist es, dem Kunden möglichst schnell ein erstes Produkt auszuliefern, das für ihn hohen Nutzen hat. In späteren Sprints ist es möglich, die Produktauslieferungen weiter zu verfeinern und zu verbessern.

Das Scrum-Team organisiert sich dabei in festgelegten Rollen selbst. Als Führungsteam nutzen wir das agile Framework zusätzlich, um das selbst organisierte Arbeiten in unserer Abteilung zu fördern und zu unterstützen.
Johanna: Welche Vorteile hat diese Methode für euch als Führungstandem? Und wie profitiert das Team davon?
Claudia und Nicole: Wir konnten beim Durchlaufen der Sprints eine steile Lernkurve sowohl im Team als auch im Austausch mit dem Auftraggebenden feststellen. Denn das Framework fördert konstantes Feedback und Lernen im Projekt sowie gemeinsam mit den Kunden.

Unsere Mitarbeiter:innen sind gefordert, sich in einem Scrum-Projekt kontinuierlich aktiv und selbstständig in Entscheidungsprozessen mit ihren Perspektiven einzubringen. Dies fördert nicht nur das Engagement und die Motivation, sondern ermöglicht auch eine bessere Lösungsfindung durch den Einsatz ganz unterschiedlicher Fachkenntnisse und Erfahrungslevels.

Wir waren zum Beispiel davon begeistert, wie erfolgreich wir die Perspektiven von neuen Trainees, die erst wenige Wochen in unserer Abteilung waren, durch Scrum systematisch mit der Erfahrung von langjährigen Mitarbeitenden verbinden konnten. Dies haben wir u. a. in unserem Projekt »Hybride Teams – Start now!« gesehen. In diesem Projekt haben wir Führungskräften und Teams, Tools und Best Practices für das »neue Normal«, in dem Mitarbeitende sowohl im Homeoffice als auch im Büro arbeiten, zur Verfügung gestellt.

Die sich wiederholende Arbeitsweise ermöglicht zudem eine schnellere Reaktion auf sich ändernde Anforderungen. Die enge Zusammenarbeit im Team mit regelmäßigen Meetings baut Hürden beim Wissensaustausch und -abgleich ab und erhöht die Effizienz. Denn Ziel ist es, Hindernisse frühzeitig zu identifizieren und zu überwinden. Die offene Kommunikation und der Fokus auf Transparenz schafft ein gemeinsames Verständnis der Ziele, erzeugt Verbundenheit im Team und ermöglicht es den Mitarbeiter:innen, ihre Arbeit besser zu koordinieren und Prioritäten zu setzen. Diese Faktoren unterstützen uns in der Führungsarbeit und erzeugen einen wahren Motivationsboost in den Teams und bei den einzelnen Kolleg:innen.

Ein Kanban-Board kann auch die Zusammenarbeit im Tandem oder mit deinem Vertreter oder deiner Vertreter:in erleichtern. Ihr spart euch wertvolle Übergabezeiten und sorgt dafür, dass der oder die andere zu den wichtigsten Aufgaben sowie deren Status auskunftsfähig ist.

Welche Tools können dir dabei helfen?

Es gibt viele Produktivitätstools, deren Einsatz für dich und dein Team Sinn machen können. Um ein Team nicht zu überfordern und den Tool-Zoo um Griff zu behalten, ist es aber auch wichtig, die Werkzeuge mit Bedacht auszuwählen. Gerade in altersgemischten Teams solltest du diesen Aspekt im Blick behalten. Hier können Tandems zwischen jüngeren und älteren Mitarbeitenden eine Möglichkeit sein, um mögliche Hürden in der Nutzung abzubauen. Denn auch wenn Tools und Technik für viele Mitarbeitenden heute zum Alltag gehören, können sie für andere erst mal eine Barriere sein. Im Team wird immer das gut funktionieren, was von den meisten akzeptiert wird und für möglichst alle gut nutzbar ist.

Am Ende dieses Kapitels möchte ich dir einen kurzen Ausblick auf das Thema Künstliche Intelligenz (KI) geben. Führungskräfte können schon heute KI auf verschiedene Arten nutzen, um ihre Effektivität und Effizienz zu steigern oder um bessere Entscheidungen zu treffen. Neben einer KI-Unterstützung von Datenanalysen und Prognosen, personalisierten Kundeninteraktionen und KI-gestütztem Risikomanagement ist für dich als Teilzeitführungskraft vor allem die Automatisierung von Routineaufgaben interessant. Denn sie schafft dir repetitive Arbeit vom Hals. KI-Systeme wie Chat GPT können sich wiederholende und zeitaufwändige Aufgaben wie zum Beispiel die Zusammenfassungen längerer Texte, die Erstellung von Berichten oder deine Terminplanung automatisieren. Dadurch kannst du als Führungskraft deine Zeit effizienter nutzen und dich auf Wichtigeres konzentrieren. Wichtig dabei ist immer, sich nicht blind auf die von der KI erzeugte Wahrheit zu verlassen und auch das Thema Datenschutz im Blick zu haben. Denn viele Tools werden nicht in Europa gehostet, was dazu führt, dass die von dir eingegebenen Daten beispielsweise für das Training der KI genutzt werden. Deshalb solltest du »öffentliche« Systeme wie Chat GPT nicht mit vertraulichen Daten füttern, sondern nach Möglichkeit auf in Europa gehostete oder unternehmensinterne Lösungen wie Microsoft Copilot zurückgreifen, eine KI, die gerade Einzug in die Unternehmen hält. Mit diesem Tool wird eine herkömmliche KI mit den Daten im Unternehmen verbunden – möglich wird damit beispielsweise das KI-gestützte Design einer Präsentation in der CI des Unternehmens, das Generieren eines Projektberichts, das Erstellen eines Angebots, einer Meetingagenda oder einer Kunden-E-Mail mit Informationen zum Bestellverlauf oder einem Projektbericht – und das alles generiert aus Informationen in E-Mails, Dokumenten und dem Teams-Chat. Darin stecken aus meiner Sicht große Chancen – auch für Teilzeitführungskräfte. Denn eine der größten Herausforderungen in der heutigen Arbeitswelt ist die Informationsflut, der wir alle ausgesetzt sind. Wie wäre es da, wenn du dir morgens über den einfachen Prompt »Was ist gestern Wichtiges passiert?« sämtliche relevanten Informationen zum vorigen Tag zusammenfassen lassen kannst?

Für dich und deinen Erfolg ist die Kombination aus zwei Dingen wichtig – ein modernes Führungsverständnis und die dazu passenden Methoden und Tools, die dir dabei helfen, deine Vorstellungen von (Teilzeit-) Führung in die Praxis umzusetzen.

#1 Bist du Teilzeitführungskraft, muss der Laden auch mal ohne dich laufen – je selbstorganisierter deine Mitarbeitenden arbeiten, desto besser.

#2 Effektive Kommunikation, eine konstruktive Feedbackkultur und gelungene Delegation sind wichtige Kernkompetenzen für dich als Teilzeitführungskraft.

#3 Agile Arbeitsmethoden und Tools können dir dabei helfen, deinen Alltag als Teilzeitführungskraft gut zu organisieren.

3 Fair hält länger – Wir müssen über Geld reden!

Wie steht es um die faire Bezahlung von Teilzeitkräften?

Als ich meine erste Position als Teilzeitführungskraft antrat, habe ich keinen Moment über die Bezahlung nachgedacht. Ich war einfach nur dankbar, dass ich die Möglichkeit hatte, Kind und Karriere zu vereinbaren. Dass ich dafür weniger verdient habe, war erst mal kein Thema für mich. Wenn ich das heute für mich reflektiere und mit anderen über ähnliche Erfahrungen spreche, dann empfinde ich meine Einstellung damals als ein bisschen naiv. Wofür genau war ich eigentlich so dankbar? Dafür, dass ich dieselbe Arbeit in weniger Zeit machen durfte? Dafür, dass ich mich immer mehr anstrengen musste als andere, die mehr Zeit zur Verfügung hatten? Damit hier keine Missverständnisse entstehen: Ich bin bis heute sehr froh darüber, dass mein damaliger Chef mich in der Schwangerschaft befördert und mein Arbeitgeber dieses Modell unterstützt hat. Ich bin dankbar für die Erfahrungen und Learnings, die ich in dieser Zeit machen durfte, und ohne die es meine Karriere als Führungskraft im IT-Bereich und auch dieses Buch nie gegeben hätte. Gleichzeitig blicke ich heute aus einer anderen Perspektive auf die Sache. Denn worum es mir geht und wofür ich mich einsetze, ist Chancengerechtigkeit. Eine Chance hatte ich, und ich habe diese auch für mich genutzt. Gerecht war mein Modell eher weniger.

Ich habe weiter vorn schon erzählt, dass ich meine Arbeitszeitreduktion auf 30 Wochenstunden damals zu einem guten Teil über Effizienzvorteile realisiert habe. Gleichzeitig habe ich einen Teil der Führungsverantwortung ins Team abgegeben. Mit meinem Wissen heute würde ich mein Arbeitsmodell als eine Mischung als Effizienzmodell und Shared Leadership beschreiben. Ist es also fair, dass mein Gehalt auf die 30 Stunden reduziert wurde? Aus heutiger Perspektive würde ich sagen: »Jein.« Denn wie oben beschrieben, hätte ein gewisser Vergütungsanteil eigentlich den Personen im Team zugestanden, die die von mir delegierte Verantwortung übernommen haben. Der Anteil jedoch, den ich durch weniger Pausen

Faire Bezahlung

und ein höheres Arbeitstempo realisiert habe, hätte eigentlich mir zustehen müssen. Praktisch sind die eingesparten Gehaltsanteile aber bei meinem Arbeitgeber verblieben.

An diesem Beispiel merkst du schon: Das Thema faire Vergütung für Teilzeitführungskräfte ist komplex und berührt grundlegende Fragen, die sich für Unternehmen auch außerhalb der Teilzeitdebatte stellen. Die Gretchenfrage lautet: Was ist ein faires Gehalt? In unserem Wirtschaftssystem hat sich eine Bezahlung nach Arbeitsstunden durchgesetzt, ein einfaches und gut messbares Prinzip. Das Problem dahinter: Nicht alle Menschen leisten in derselben Zeit gleich viel. Das Modell motiviert Menschen also eigentlich eher dazu, ihre Arbeitsleistung zu drosseln – denn es gibt immer jemanden, der weniger in der selben Zeit leistet als man selbst. Subjektives Ungerechtigkeitsempfinden wird von Einzelnen kompensiert.

Um diesem Missstand entgegenzuwirken und Mitarbeitende zu mehr Leistung zu »motivieren«, nutzen viele Unternehmen Bonussysteme. Wer mehr leistet, bekommt eben noch eine Schippe obendrauf. Auch diese Idee ist erst mal gut gemeint – aber auch hier steckt der Teufel im Detail, denn Bonussysteme sind in der Regel an starre Parameter geknüpft. Die

Folge ist, dass Mitarbeitende nicht mehr für das Wohl des Unternehmens arbeiten, sondern nur noch ihre individuelle Bonusoptimierung im Blick haben.[88] Den Mitarbeitenden selbst ist dabei erst mal gar kein Vorwurf zu machen, denn sie passen sich an das vom Unternehmen vorgegebene System an. Geld – das wissen wir heute – ist bestenfalls ein Hygiene-, kein Motivationsfaktor.[89] Eine hohe Vergütung kann also nicht dauerhaft zu Mehrleistung motivieren. Gleichzeitig kann ein konstant als zu niedrig empfundenes Gehalt Menschen demotivieren. Und genau an dieser Stelle bewegen wir uns in Bezug auf Teilzeitführung.

Die Motivation von Mitarbeiter:innen, die in vollzeitnahen Arbeitsmodellen dieselbe Leistung bringen wie Vollzeitkräfte (Effizienzmodell), kann mittelfristig unter dieser Situation leiden. In manchen Fällen führt das dazu, dass diese Menschen ihre Arbeitszeit möglichst schnell wieder aufstocken, um das volle Gehalt zu bekommen, auch wenn die private Situation das eigentlich nicht wirklich zulässt. Die Folge sind oft Dauerstress zu Hause und ein schlechtes Gewissen, weil die Führungskraft die benötige Stundenzahl nur mit Ach und Krach liefern kann. Andere sind vielleicht grundlegend unzufrieden und wechseln irgendwann den Arbeitgeber, wenn sie das Gefühl haben, dort ein besseres Gehalt verhandeln zu können. Für den Arbeitgeber ergeben sich in keinem der Fälle nachhaltige Vorteile aus einer Unterbezahlung seiner Angestellten – er hat entweder eine dauergestresste Führungskraft in Vollzeit, einen unzufriedenen und demotivierten Mitarbeitenden oder verliert die Teilzeitführungskraft sogar an einen Konkurrenten. Eigentlich viele Gründe aus Arbeitgebersicht, beim Thema Honorierung von Teilzeitkräften genauer hinzuschauen.

Was ist eigentlich fair?

Wenn wir uns die Fragen stellen, wie ein faires Gehalt für eine Teilzeitführungskraft aussieht, müssen wir immer das entsprechende Teilzeitmodell mit in den Blick nehmen. Denn da gibt es deutliche Unterschiede. Wenn du im *Vertretermodell* arbeitest, ist eine prozentuale Vergütung entsprechend deinem Arbeitszeitanteil durchaus fair. Denn du sorgst mit deinem Arbeitsmodell ja auch dafür, dass ein Teil der Führungsaufgaben von einer anderen Person wahrgenommen wird. Aus deiner eigenen Perspektive ist das also erst mal fein. Noch besser wird es, wenn du im Blick behältst, dass das bei deiner Stelle eingesparte Gehalt deinem Team zugutekommt. Vielleicht möchte ja ein:e Teilzeitmitarbeitende:r gern aufstocken, oder ihr habt die Möglichkeit, Unterstützung durch eine:n Werkstudent:in zu bekommen.

Im *Effizienzmodell* sieht die Sache anders aus. Wie beschrieben ist die Falle »gleiche Arbeit für weniger Geld« quasi schon mit eingebaut. Natürlich kann es gute Gründe geben, warum du dich trotzdem dafür entscheidest. Entweder es mangelt an Jobalternativen, oder du nimmst diesen Nachteil bewusst in Kauf, um mehr Flexibilität zu erhalten oder den nächsten Karriereschritt vorzubereiten. Gleichzeitig möchte ich dich dazu motivieren, auch in dieser Situation mit deinem Arbeitgeber ins Gespräch zu gehen. Denn wenn er verstanden hat, dass du Effizienzvorteile realisierst, die neben dir dem gesamten Team zugutekommen, sind die Sachargumente schon mal auf deiner Seite.

Bei einer Beschäftigung im *Tandem* ist die faire Vergütung in der Regel kein so großes Thema. Da zwei Personen in »echter« Teilzeit arbeiten, ist eine anteilige Vergütung zunächst stimmig. Das Modell fügt sich daher meist gut in bestehende Gehaltsstrukturen ein. Zu Diskussionen können hier eher Boni oder andere variable Vergütungsbestandteile führen, vor allem wenn die beiden Tandem-Partner:innen unterschiedliche Arbeitszeitanteile haben. Gleichzeitig stellt sich aus Arbeitgebersicht oft die umgekehrte Frage – denn Tandems überschreiten gemeinsam oft den Arbeitszeitanteil von 100 Prozent und sind somit erst mal teurer als eine Vollzeitführungskraft.

Schauen wir uns zuletzt das *Shared Leadership* an, in Bezug auf die Vergütung sicherlich das komplexeste Modell. Denn Shared Leadership bedeutet immer auch eine Verteilung von Führungsaufgaben im Team, was logischerweise auch eine andere Verteilung von Gehältern bedeuten müsste. Gleichzeitig kannst du davon ausgehen, dass Shared Leadership in der Regel ein Prozess ist – die Frage nach der Vergütung wird dabei meist nicht von Beginn an diskutiert, sondern entwickelt sich im Laufe der Zeit. Gerade hier ist Geduld gefragt, oft verändern sich Verantwortungsstrukturen, lange bevor auch die Gehaltsstrukturen nachziehen.

Welche Möglichkeiten haben Unternehmen für eine faire Vergütung?

In der Betrachtung dessen, wie Unternehmen eine angepasste und faire Honorierung von Teilzeitführungskräften umsetzen können, müssen verschiedene Faktoren berücksichtigt werden. Es macht zum Beispiel einen Unterschied, ob dein Unternehmen tarifgebunden ist oder nicht. In tarifgebundenen Organisationen ist es in der Regel selbstverständlich, dass eine Teilzeitkraft auch prozentual weniger Gehalt erhält. In nicht tarifgebundenen Kontexten ist das Gehalt hingegen erst mal Verhandlungssache. Aber auch die Unternehmens- und Leistungskultur spielt eine entscheidende Rolle. Denn beim Thema Gehalt ist oft wichtiger, was denkbar ist und im System »verkauft« werden kann, als was rein praktisch möglich ist.

Deshalb sehen auch mögliche Lösungsansätze sehr unterschiedlich aus. Eine Variante, die in den meisten Organisationen funktionieren kann, ist es, Bonuszahlungen, variable Gehaltsbestandteile und vermögenswirksame Leistungen als Verhandlungsmasse zu nutzen. Denn diese Bestandteile sind oft nicht direkt von der Arbeitsstundenzahl abhängig. Und wenn doch, kannst du versuchen, das zu ändern. Ein toller Tipp ist auch, flexible und fixe Arbeitsstunden zu vereinbaren. Bezahlt wirst du für die Gesamtsumme aus beidem, die flexiblen Arbeitsstunden finden sich aber erst mal nicht in deinem Wochenplan wieder. Sie werden auf Vertrauensbasis beispielsweise dazu genutzt, Arbeitsaufwand außerhalb deiner geplanten Arbeitszeiten oder längere Arbeitstage aufgrund von Dienstreisen zu kompensieren.

Mit COO Michael Seipel und Beraterin Maria Hertleif von Cassini Consulting habe ich darüber gesprochen, welche Vorteile das Unternehmen in der Förderung dieses Karriereweges sieht und wie das Modell in die Praxis umgesetzt wird. Das Unternehmen hat 2023 auf Instagram mit einer Teilzeit-Kampagne um Mitarbeitende geworben.

Johanna: Warum habt ihr diese Kampagne gemacht, und welche Vorteile seht ihr als Unternehmen im Thema Teilzeitkarriere?

Michael: Wir wollten mehr Frauen im Unternehmen haben – die erste Idee war dann tatsächlich auch, eine Frauenkampagne zu machen. So wie man das halt macht, wenn man sich noch nicht so richtig damit beschäftigt hat. Wir haben das analysiert und gemerkt, dass es eigentlich gar nicht um Frauen, sondern um Flexibilität und Performance geht. Frauen wollen Karriere machen, weil sie gut sind. Und der Anspruch an uns ist, dass wir ein entsprechendes Umfeld zur Verfügung stellen, in dem das möglich ist.

Daraus ist dann die Teilzeit-Kampagne »My way to perform« geworden. Uns geht es um den persönlichen Weg, wie Mitarbeitende Performance bringen können. Und da gibt es ganz, ganz viele Möglichkeiten. Wir möchten die besten Menschen anziehen, gleich welchen Geschlechts, welcher Herkunft und auch unabhängig davon, welches Arbeitsmodell die Mitarbeitenden für sich persönlich in der aktuellen Lebenssituation gerade brauchen.

Johanna: Welche Chance seht ihr darin als Unternehmen?

Michael: Natürlich haben auch wir als Arbeitgeber den Bedarf. Wir wollen wachsen und gleichzeitig für alle Menschen, die dazu einen Beitrag leisten können, attraktiv sein. Insofern müssen wir Rahmenbedingungen schaffen, dass das eben nicht nur für Männer in Vollzeit der Fall ist, sondern auch für Männer in Teilzeit, für Frauen in Teilzeit, für Menschen mit Migrationshintergrund usw. Das wollten wir mit dieser Kampagne unterstreichen.

Johanna: Welche Herausforderungen bringt das Arbeiten in Teilzeit mit sich, und wie habt ihr die für euch gelöst?

Michael: Ich bin COO. Das bedeutet, ich kümmere mich um den Motorraum und alles, was da drin ist. Prozesse, Abrechnungen zum Beispiel, aber auch das Thema Performanceberechnung und Incentivierung. Und das ist in der Unternehmensberatung, wenn man ehrlich ist, zentral. Leistung ist uns wichtig – und zwar auch bei Menschen, die in Teilzeit arbeiten. Deshalb müssen wir das sehr genau berechnen. Und das wird natürlich durch Teilzeit, durch Sabbaticals und Co. erst mal wahnsinnig kompliziert. Es ist nicht so, dass jemand zwölf Vollzeitmonate da ist und man dann einfach rechnen kann – sondern man muss da sehr genau hinschauen.

Und man muss vor allem auch darauf achten, Teilzeitkräfte durch ihre Teilzeit nicht zu benachteiligen. Wir haben Umsatzerwartungen an unsere Leute. Wenn jemand aber nur 50 Prozent da ist, sind das natürlich dann auch nur 50 Prozent an Umsatz, die wir erwarten. Das muss man alles berücksichtigen. Auch stellen sich weitere Fragen. Zum Beispiel gibt es bei uns einen maximalen Bonus. Wir haben uns entschieden, dass wir – wenn jemand in Teilzeit arbeitet – diesen maximalen Bonus nicht kürzen. Das bedeutet, Teilzeitkräfte können weiterhin den vollen Bonus bekommen. Uns geht es darum, das Teilzeitmodell so attraktiv zu machen, wie es irgend geht. Dafür investieren wir auf der Admin-Seite – wobei sich der Aufwand in Grenzen hält. Und wir haben unsere Rollen. Die Einheiten, in denen die Leute verortet sind, können regelmäßig gewechselt werden, und so ist diese Flexibilität Teil unserer DNA und damit auch Teil unserer Backoffice-Systeme.

Über diesen QR-Code kommst du direkt zum ganzen Gespräch im Podcast!

Auch die Unternehmensperspektive ist an dieser Stelle wichtig: Ich höre immer mal wieder das Argument, dass Teilzeitführungskräfte günstiger als Vollzeitkräfte seien und »Mütter in derselben Zeit viel mehr schaffen als andere Mitarbeitende.« Diese Argumentation ist aus meiner Sicht eine »Red Flag« für Teilzeitführungskräfte. Denn hier hat man das Problem weder verstanden noch eine adäquate Antwort darauf entwickelt – im Gegenteil: Die Situation der Teilzeitkräfte wird ausgenutzt und zum eigenen Vorteil verwendet. Teilzeitfreundliche Arbeitnehmer:innen denken anders. Für sie stellt sich die Frage, wie faire Arbeitsbedingungen für Teilzeitführungskräfte und ihre Teams entstehen können und welche Rolle das Gehalt dabei spielt. Diese Haltung kann – wie im Interview beschrieben – beispielsweise durch eine volle Bonuszahlung für Teilzeitführungskräfte oder durch die Umschichtung von eingesparten Ressourcen ins Team der Teilzeitführungskraft umgesetzt werden. Wird Führung in Teilzeit in einem Vertretermodell realisiert, bekommt vielleicht der oder die Vertreter:in eine Bonuszahlung. Bei einem Shared-Leadership-Modell sollten alle Mitarbeitenden mit Führungsrollen berücksichtigt werden.

Vergütungsmodelle, die sich an den Arbeitsstunden eines Mitarbeitenden orientieren, kommen beim Thema Teilzeitführung an ihre Grenzen. Einen möglichen Ausweg aus diesem Dilemma liefern die Ansätze der *New-Pay*-Bewegung. New Pay versucht Vergütungssysteme für eine Arbeitswelt zu entwickeln, die zunehmend auf Kollaboration und Kooperation ausgelegt ist und in der Leistung nicht mehr nur in Stunden gemessen werden kann.

Nadine Nobile begleitet Menschen in Organisationen dabei, neue Wege zu finden, um ihre Zukunft aktiv mitzugestalten. Zusammen mit Stefanie Hornung und Sven Franke hat sie 2019 das Buch *New Pay – Alternative Arbeits- und Entlohnungsmodelle* geschrieben. Wir haben darüber gesprochen, was das mit Teilzeitführung zu tun hat und wie diese neuen Vergütungsmodelle für mehr Fairness bei der Bezahlung von Teilzeitführungskräften sorgen können.

Johanna: Was steckt hinter dem Begriff New Pay?
Nadine: Im Rahmen der Recherche zu unserem ersten Buch haben wir diesen Begriff geprägt. Die Kernfrage, die uns interessiert hat, war, wie es mit Vergütung in Organisationen aussieht, die sich New Work verschrieben haben. Dabei haben wir festgestellt, dass es keine Blaupause gibt, sondern dass jede Organisation, die wir interviewt haben, eigene, zu den individuellen Werten und Rahmenbedingungen passende Lösungen entwickelt hat.

Aus der Betrachtung dieser Organisationen haben wir Prinzipien abgeleitet, die New Pay prägen. Dabei sind Themen wie Transparenz, Selbstverantwortung, Partizipation, Flexibilität, Wir-Denken, ein Zustand von Permanent-Beta, also kontinuierlich in einem Prozess der Erprobung und Weiterentwicklung zu stecken, aber vor allem auch Fairness wichtig. Fragen wie »Was ist denn eigentlich ein faires Gehalt?« spielen da eine zentrale Rolle.
Johanna: Wie können New-Pay-Ansätze dabei helfen, die Vergütung gerade von vollzeitnahen Teilzeitführungskräften fairer zu gestalten?
Nadine: Zunächst einmal war ich selbst in meiner letzten Angestellten-Tätigkeit als Teilzeitführungskraft in einer ähnlichen Situation. Ich habe

damals 80 Prozent gearbeitet und praktisch die Arbeit einer Vollzeitkraft erledigt. Selbst meine Chefin hatte mir damals abgeraten, meine Stunden zu reduzieren, weil ich dann denselben Job für weniger Geld machen würde. Für mich hat es dennoch ganz gut gepasst, weil ich schließlich auf eine 4-Tage-Woche gegangen bin. Ich hatte das Gefühl, dass ich durch meinen freien Tag eine viel wirkungsvollere Führungskraft war, da ich die Dinge immer mit ein bisschen Abstand betrachten konnte.

An meinem Beispiel lässt sich gut die Frage illustrieren, die du gestellt hast: Was vergüten wir eigentlich, und ist Zeit der richtige Maßstab? Oder wollen wir vielleicht lieber Kompetenzen honorieren, die jemand in den Job einbringt? Und diese Kompetenz kann eben auch sein, dass jemand einen Vollzeitjob in 32 Stunden schafft. Über diese Fragen müssen Organisationen für sich Klarheit gewinnen. Gleichzeitig wird es vielen schwerfallen, sich davon zu verabschieden. Allein schon aufgrund arbeitsrechtlicher Aspekte, wie zum Beispiel der Pflicht der Arbeitszeiterfassung.

Auf der anderen Seite muss ich mir für mich als Teilzeitführungskraft überlegen, was ich möchte: Will ich mit der Arbeitszeit auch mein Arbeitsvolumen reduzieren und damit auf einen Teil des Gehalts verzichten? Oder übernehme ich bewusst das gleiche Arbeitspaket wie eine Person mit einem Vollzeitvertrag und arbeite schneller und effizienter als andere? Und dann muss ich mich auch fragen, ob ich das so auf Dauer durchhalten kann.

Über diesen QR-Code kommst du direkt zum ganzen Gespräch im Podcast!

Dass New Pay keine individuelle Lösung sein kann, sondern tief in die Grundstrukturen des Unternehmens eingreift, wird schnell klar. Warum sollten alternative Honorierungsprinzipien nur für Teilzeitführungskräfte gelten? Ich bin davon überzeugt, dass Unternehmen mittelfristig um diese großen Fragen nicht herumkommen werden, um mit der Veränderung der Arbeitswelt Schritt zu halten.

Du siehst also, das Thema »Vergütung für Teilzeitführungskräfte« ist extrem vielfältig und steckt an vielen Stellen noch in den Kinderschuhen – deshalb ist es mit an dir, hier kreativ vorzugehen und deinem Arbeitgeber die Vorteile deiner Lösung zu präsentieren. Denn auch er profitiert davon, wenn du das Gefühl hast, fair behandelt zu werden. Gleichzeitig sind Gehaltsverhandlungen oft schwierig – manchmal kann es auch der richtige Weg sein, zunächst mit einem suboptimalen Gehaltskonstrukt zu starten und das Thema später noch einmal anzugehen.

#1 Führung in Teilzeit rechtfertigt nicht automatisch ein Teilzeitgehalt; eine entscheidende Rolle spielt dabei dein individuelles Teilzeitmodell.

#2 Von einer als fair empfundenen Honorierung profitiert auch dein Arbeitgeber, denn ein als unfair empfundenes Gehalt kann auf Dauer demotivieren.

#3 Die Umsetzung fairer Gehälter für Teilzeitkräfte steckt noch in den Kinderschuhen – auch hier darfst du ein Stück weit Pionierarbeit in deinem Unternehmen leisten.

TEIL III

Als Teilzeitführungskraft erfolgreich durchstarten

Jetzt wird's ernst – der dritte Teil dieses Buches beschäftigt sich mit der Frage, wie du als Teilzeitkraft erfolgreich durchstarten kannst. In diesem Block findest du viele Checklisten und Tools, mit denen du deine Teilzeitführungsrolle gestalten kannst. Dabei schauen wir uns wichtige Bausteine an, von der Entwicklung deines *Operating Models* über die Jobsuche und die Bewerbungsphase bis zu den ersten 100 Tagen im neuen Job. Aber auch wenn du bereits in einer Teilzeitführungsrolle unterwegs bist, findest du viele hilfreiche Tipps und Tricks und entdeckst an der einen oder anderen Stelle vielleicht noch mal eine neue Perspektive auf deine Rolle. Denn mache dir bewusst, dass es immer wieder möglich ist, die Weichen neu zu stellen und Änderungen an deinem Kurs vorzunehmen, dich auch aus schwierigen Phasen heraus weiterzuentwickeln und zu wachsen. Dafür gebe ich dir im letzten Kapitel dieses Abschnitts Tipps für den Notfall an die Hand.

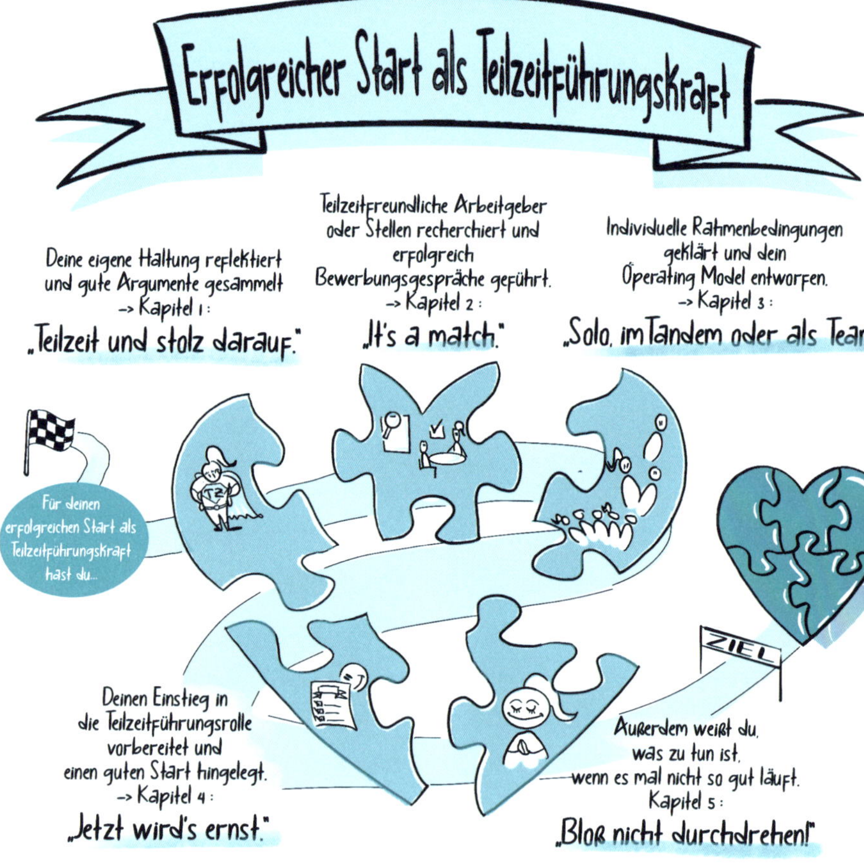
Erfolgreicher Start als Teilzeitführungskraft
Für deinen erfolgreichen Start als Teilzeitführungskraft hast du...
Deine eigene Haltung reflektiert und gute Argumente gesammelt -> Kapitel 1:
„Teilzeit und stolz darauf."
Teilzeitfreundliche Arbeitgeber oder Stellen recherchiert und erfolgreich Bewerbungsgespräche geführt. -> Kapitel 2:
„It's a match."
Individuelle Rahmenbedingungen geklärt und dein Operating Model entworfen. -> Kapitel 3:
„Solo, im Tandem oder als Tear
TZ
ZIEL
Deinen Einstieg in die Teilzeitführungsrolle vorbereitet und einen guten Start hingelegt. -> Kapitel 4:
„Jetzt wird's ernst."
Außerdem weißt du, was zu tun ist, wenn es mal nicht so gut läuft. Kapitel 5:
„Bloß nicht durchdrehen!"

1 Teilzeit und stolz drauf – Die passende Haltung finden

Welche Rolle spielt das Mindset?

Die wichtigste Botschaft zuerst: Du bist viel mehr als dein Teilzeitwunsch. Die Tatsache, dass du in Teilzeit arbeitest, sollte in einer idealen Welt keine Rolle spielen. Denn du als Führungskraft bestehst aus mehr als die Summe deiner Arbeitsstunden. Gleichzeitig verbinden die meisten von uns das Wort »Teilzeit« nicht unbedingt mit etwas Positiven. »Teil« ist das Gegenteil von »Voll« und klingt an sich bereits mangelhaft. Ich kann mich gut erinnern, dass ich früher öfter mal den Satz »Ich arbeite nur in Teilzeit« gesagt habe. Bewusst oder unbewusst habe ich damit mich und meine Arbeitsleistung kleingemacht. Dass es mit so einer Einstellung schwieriger ist, andere von deinem Arbeitsmodell zu überzeugen, liegt auf der Hand. Deshalb darfst du dir zunächst einmal über deine eigene Haltung zum Thema Teilzeit bewusst werden und ein positives Mindset dazu aufbauen.

Wie denke ich über Teilzeit?

Diese Fragen können dir dabei helfen, dir über deine Einstellung zum Thema Teilzeit klarer zu werden:

- Was verbindest du mit dem Begriff Teilzeit? Und was möchtest du gern damit verbinden?
- Was ist der Grund für deine Teilzeit? Und womit verbringst du deine Zeit, wenn du nicht der Erwerbstätigkeit nachgehst?
- Welche Erwartungen hast du an dich in deiner Rolle als Teilzeitführungskraft? Und welche haben andere an dich?

Tipp: Du kannst diese Übung auch mit deinem oder deiner Partner:in machen oder die draus gewonnenen Erkenntnisse besprechen!

Wenn wir über Arbeit sprechen, ist meist nur von Erwerbsarbeit die Rede – also dem Teil der Arbeit, für den wir bezahlt werden. In dieser Logik gilt: Wer in Teilzeit arbeitet, trägt weniger zur Gesellschaft bei als jemand, der in Vollzeit erwerbstätig ist. Dieser Gedankenschluss ist aber höchst irreführend und falsch. Weil der Großteil der verrichteten Arbeit unbezahlt ist und vorwiegend von Frauen geleistet wird, macht es Sinn, (gedanklich) zwischen Erwerbsarbeit und Care-Arbeit zu unterscheiden. Zu sagen »Ich erwerbsarbeite in Teilzeit« ist genauer, denn dieser Satz zeigt, dass da auch noch andere Arbeitsformen Teil des Lebens sind, die Zeit und Energie beanspruchen. Das Wort *erwerbsarbeiten* klingt komisch? Dann unterscheide sprachlich einfach in bezahlte und unbezahlte Arbeit – vielleicht passt das für dich besser.

Aber auch wenn dein Teilzeitwunsch in einem Side-Business, dem Wunsch nach mehr Zeit für dich, deiner Gesundheit, deiner Weiterentwicklung oder einer Weiterbildung begründet ist, darfst du dich als Teil einer großen Gruppe fühlen. Du bist nicht der oder die Einzige, die diesen Wunsch hegt, auch wenn das in deinem direkten Umfeld vielleicht so aussehen mag. Möglicherweise hilft dir dieser Gedanke, dich und deinen Wunsch anders zu positionieren und selbstbewusster damit umzugehen – und darüber zu sprechen. In der unten stehenden Tabelle habe für dich gebräuchliche Formulierungen rund um das Thema Teilzeit gesammelt und mit sprachlichen Alternativen versehen:

»Ich arbeite nur in Teilzeit.«	»Ich erwerbsarbeite in Teilzeit.« »Ich arbeite 28 Stunden bezahlt.«
»Ich arbeite in Teilzeit.«	»Ich arbeite vollzeitnah/in reduzierter Vollzeit.«
»Ich muss jetzt los, meine Kinder abholen.«	»Ich fahre jetzt los, für mich steht Care-Arbeit auf dem Programm.«
»Freitags arbeite ich nicht.«	»Freitag ist mein Side-Business-Tag, aus dem ich viel Energie ziehe.«
»Meine Frau möchte nach sechs Monaten wieder in den Job einsteigen, deshalb bleibe ich dann zu Hause.«	»Meine Frau steigt nach sechs Monaten wieder in den Job ein, deshalb übernehme ich dann die Care-Arbeit zu Hause.«

»Bei diesem Termin kann ich nicht, da habe ich die Kinder.«	»Dieser Termin liegt außerhalb meiner Arbeitszeiten. Sollen wir einen anderen Termin suchen? Alternativ schaue ich gern, ob ein:e Kolleg:in den Termin wahrnehmen kann.«
»Ich bin erst am Donnerstag wieder im Büro, morgen habe ich frei.«	»Ich bin am Donnerstag wieder im Büro. Morgen arbeite ich für meine Weiterbildung.«
»Mein Partner arbeitet Vollzeit, ich in Teilzeit.«	»Mein Partner erwerbsarbeitet in Vollzeit, ich in Teilzeit. Dafür übernehme ich einen größeren Anteil der Care-Arbeit.«
»Ich habe meine Arbeitszeit reduziert, um mehr Zeit für mein Ehrenamt zu haben.«	»Ich verzichte auf einen Teil meines Gehalts, um mehr Zeit für mein Engagement im Ehrenamt zu haben.«
»Ich kümmere mich um meine Mutter, deshalb habe ich freitags frei.«	»Ich kümmere mich freitags um die Pflege meiner Mutter.«

So kanns gehen … positiv über Teilzeit sprechen

Wenn wir Care-Arbeit als Freizeit titulieren oder ein Ehrenamt als Privatvergnügen einordnen, entsteht im Gehirn Verwirrung. Denn jeder, der Kinder hat oder sich ehrenamtlich engagiert, weiß: Das ist echte Arbeit. Es gibt nur kein Geld dafür. Sich sprachlich anders und korrekter ausdrücken ist zu Beginn für viele Menschen gewöhnungsbedürftig. Die Worte »Care-Arbeit« oder »erwerbsarbeiten« gehen dir vielleicht erst mal nicht so leicht über die Lippen. Ich kann dir aber aus eigener Erfahrung berichten: das wird. Und vielleicht macht es dir ja wie mir irgendwann auch ein bisschen Freude, andere mit den Begrifflichkeiten ein Stück aus ihrer Komfortzone zu locken.

Vielleicht fragst du dich jetzt aber auch, ob es überhaupt klug ist, von »Teil«-Zeit zu sprechen. Am Anfang meiner Beschäftigung mit dem Thema habe ich mir diese Frage auch gestellt. Heute nutze ich den Begriff Teilzeit sehr bewusst. Denn ein anderer Effekt des Sprachgebrauchs spielt hier für mich eine wichtigere Rolle – nämlich der der Enttabuisierung und Gewöhnung. Je öfter wir etwas sagen und hören, desto normaler wird es für uns. Wenn dir dieser Weg nicht zusagt, kannst du stattdessen beispielsweise auch die Begriffe *reduzierte Vollzeit* oder das bereits erwähnte *vollzeitnah* nutzen – aus meiner Sicht eine kluge Variante, um das eigene Gehirn und das des Gegenübers zu überlisten. Denn aus der Psychologie wissen wir, dass unser Gehirn schlecht zwischen der Realität und unseren Gedanken unterscheiden kann. Für unser Hirn ist das real, was wir denken.

Diesen Effekt kannst du umgekehrt bewusst für dich nutzen, um dein Wohlbefinden und deine Leistungsfähigkeit zu steigern. Über Andre Agassi, den weltberühmten Tennisspieler, wird beispielsweise gesagt, dass er das Zitat »Ich habe Wimbledon 10 000 Mal im Kopf gewonnen!« prägte. Bevor er 1992 wirklich gewonnen hat, malte er sich seinen Sieg über Jahre hinweg in schillernden Farben aus – ein eingängiges Beispiel, mithilfe einer mentalen Strategie Einfluss auf Trainingsergebnisse (oder Lebensziele) zu nehmen. Für dich bedeutet das, dass du dir deine glorreiche Zukunft als Teilzeitführungskraft immer wieder vorstellen darfst. Dabei ist es egal, ob du im Stillen mit dir sprichst oder anderen von deinen Plänen berichtest. Wenn du bewusst auf positive Formulierungen achtest, wird sich mit der Zeit auch dein Denken zum Positiven verändern und hast du einen wichtigen Grundstein für deinen Erfolg gelegt.

Wie kann man eine positive Einstellung zur Teilzeitarbeit entwickeln?

Ich kann mich noch gut erinnern, was ich mir bei meinem Start in die Teilzeitführungsrolle gedacht habe. Ich habe in den ersten Wochen und Monaten eine Art Mantra vor mir hergetragen, das mir an vielen Stellen geholfen hat, die richtigen Entscheidungen zu treffen und »on track« zu bleiben: »Entweder der Job funktioniert für mich auch in Teilzeit, oder ich lass es wieder bleiben.« Diese Grundeinstellung hat mir gerade zu Beginn geholfen, mit einer gewissen Leichtigkeit an die Sache ranzugehen. Denn ich hatte mir ja geistig schon den Notausgang eingebaut. Sollte das mit der Führungsrolle in Teilzeit und dem Baby zu Hause nicht klappen, würde ich meinen Kurs eben wieder ändern. Auch nicht so wild. In der Retrospektive haben diese Gedanken dazu geführt, dass ich den Druck, den die Situation, als erste Teilzeitführungskraft und junge Frau in einem männlich dominierten Bereich zu starten, für mich ein Stück weit rausgenommen habe. Denn ich hatte immer ein sehr klares Zielbild vor Augen: Ich wollte beides sein – eine erfolgreiche Teilzeitführungskraft und eine Mutter, die nachmittags auch mal einfach Zeit auf dem Spielplatz verbringen kann, ohne dauernd aufs Handy zu gucken. Mit dieser Vorstellung verbunden waren für mich (innere) Bilder, die das Gefühl visualisiert haben, das ich mit dieser Vorstellung verbunden und für mich auf einem Visionboard festgehalten habe. Ich habe diese Collage heute noch und bin immer wieder erstaunt darüber, wie viele Anteile meines zukünftigen Lebens in ihr damals schon enthalten waren.

Aus der Psychologie wissen wir, dass Visualisierungen dann besonders wirksam sind, wenn wir möglichst viele Sinne einbeziehen – uns also nicht nur bildlich vorstellen, wie das, was wir erreichen möchten, aussieht, sondern auch andere Sinne wie das Gehör oder den Geschmacks- und Geruchssinn involvieren.[90] Viele Coaches und Mentaltrainer arbeiten deshalb mit geführten Gedankenreisen, die viele Sinne integrieren, um so ein möglichst realistisches geistiges »Bild« des Zielzustands zu erzeugen. Die Frage ist also: Wie sieht deine Welt aus, wenn du als Teilzeitführungskraft erfolgreich bist? Wenn du sofort innere Bilder vor Augen hast und es dir leichtfällt, emotional in diesen Zustand einzutauchen, kannst du dich direkt daran machen, diese Ideen und Gefühle in ein Visionboard zu übersetzen. So entsteht ein bildlicher Anker für deinen gewünschten Zielzustand, gleichzeitig wird diese Visualisierung für dich zu einem Anker, der dich motiviert und antreibt, das, was du dir vorstellst, auch in der Realität zu erleben.

Dein Visionboard

Mit diesem Tool erstellst du deine eigenes Visionboard für dein Leben als Teilzeitführungskraft. Wähle einen für dich passenden Zeitpunkt in der Zukunft, für den es Gültigkeit haben soll (ein bis fünf Jahre haben sich bewährt), und erstelle eine Collage aus Fotos und Bildern. Nutze dazu Zeitschriften, Kataloge oder Zeitungen.

Beispiel eines Visionboards

Folgende Fragen können dir helfen:

- Wie sieht deine Vision eines Lebens als Teilzeitführungskraft aus? Und wie möchtest du dich in dieser Zukunft fühlen?
- Wer spielt dabei alles eine Rolle?
- Was ist noch wichtig für dich?

Mach es dir gemütlich und denke beim Ausschneiden und Aufkleben nicht zu viel nach, sondern greife auf Bilder zurück, die dich spontan ansprechen. Betrachte anschließend dein Werk:

- Was siehst du?
- Wie geht es dir damit?
- Was ist überraschend oder ungewohnt?

Hänge dein Visionboard an einem Platz auf, wo du es immer wieder sehen kannst, um dich an dein Ziel zu erinnern. Eine noch stärkere Wirkung entfaltet dein Board, wenn du es regelmäßig dafür nutzt, dir deine Vision mit allen Sinnen vorzustellen. Was siehst du? Was hörst du? Und verbindest du deine Vision vielleicht auch mit einem bestimmten Geschmack?

Tipp: Du kannst dein Visionboard auch nutzen, um direkt Ziele abzuleiten. Nutze dazu folgende Fragen:

- Welche konkreten Ziele stehen hinter deiner Vision?
- Welche möchtest du in diesem Jahr erreichen, welche später?
- Was ist in Bezug auf jedes Ziel der nächste kleine Schritt, den du gehen kannst, und wann möchtest du das tun?

Es fällt dir schwer, Bilder auszuwählen? Oder du weißt noch überhaupt nicht, wie das alles aussehen soll? Dann hilft dir vielleicht eine kleine Alternativübung. Dazu legst du eine 30-Punkte-Liste an, in der du deine Zukunft möglichst genau beschreibst. Hier listest du alle Dinge auf, die konkret zu dem gewünschten Zielzustand, also zum Beispiel du als erfolgreiche Teilzeitführungskraft, gehören. Was siehst du? Wo bist du? Wer ist da noch? Was hörst du, und mit wem sprichst du? Am einfachsten fällt das oft, wenn du dir einen idealen Tag vorstellst und daraus die für dich wesentlichen Punkte ableitest. Wenn du möchtest, kannst du die Visionboard-Übung anschließen, oder du belässt es bei der Liste, wenn sie für dich bereits genug Klarheit und vor allem Sogwirkung entfaltet. Denn wichtig an der ganzen Sache ist, dass du eine Vision zeichnest, die für dich wirklich attraktiv ist und auf die du dich mit einem guten Gefühl zubewegen möchtest.

Wie geht man mit Vorurteilen gegenüber Teilzeitkräften um, und wie kann man diese überwinden?

An dieser Stelle erst einmal herzlichen Glückwunsch – du hast den ersten und aus meiner Sicht wichtigsten Schritt gemacht: Du hast dich mit deiner eigenen Einstellung zum Thema Teilzeit auseinandergesetzt, gehst in Zukunft bewusster mit deiner Sprache um und hast für dich eine strahlende Vision entwickelt. Was dir und deinem neuen Mindset jetzt noch in die Quere kommen kann, sind die Kommentare, Denkmuster und Verhaltensweisen anderer Menschen. Denn wir sind (glücklicherweise) nicht allein auf diesem Planeten, und du kannst davon ausgehen, dass sich bisher nur wenige Menschen die Gedanken gemacht haben, die du dir gemacht hast.

Deshalb: Rechne immer damit, dass du sowohl im Arbeitskontext als auch im Privaten auf Menschen triffst, die gängige Vorurteile über Teilzeitarbeit vor sich hertragen. Im Akutfall gilt: tief durchatmen und dann kurz überlegen, ob sich eine sachliche Diskussion und das Austauschen von Argumenten lohnt. Oft macht es Sinn, mit dem Gegenüber ins Gespräch zu gehen – in manchen Fällen darf man sich den Versuch aber auch sparen. Führung in Teilzeit berührt bei manchen Menschen tief verwurzelte Lebensideale und Weltanschauungen, die nicht so einfach infrage gestellt werden können. Habe ich seit Jahrzehnten als Frau meinen Wunsch nach Familie der Karriere untergeordnet, kann es erschütternd sein, jetzt am Beispiel von anderen zu erleben, dass beides möglich ist, Kind und Karriere. Auf der anderen Seite gibt es immer noch Männer, deren Macht an der Aufrechterhaltung patriarchaler Strukturen hängt. Ein Aufweichen der stereotypen Rollenbilder bedeutet für diese Menschen Gefahr und wird vielleicht mit einem persönlichen Angriff quittiert.

Wenn du also bemerkst, dass dein Gegenüber nicht für einen Austausch sachlicher Argumente bereit ist, kannst du dir überlegen, nicht in den Ring zu steigen. Denn deinen Energiehaushalt als Teilzeitführungskraft im Blick zu behalten, ist eine deiner wichtigsten Aufgaben. Doch auch wenn du auf Gesprächsbereitschaft triffst, musst du niemandem beweisen, dass Führung in Teilzeit funktioniert. Gleichzeitig kannst du Impulse setzen und andere zum Nachdenken bringen. Und das ist schon ganz schön viel. Zur Unterstützung habe ich für dich an dieser Stelle die häufigsten Vorurteile und Gegenargumente zu Teilzeitführung zusammengetragen und mögliche Antworten formuliert.

Vorurteil	Gegenargument
»Führung in Teilzeit funktioniert nicht.«	Achtung: Hier handelt es sich um eine Killerphrase, die vom eigentlichen Thema ablenken soll. Folgende Antwortstrategien bieten sich an: • Das Argument unbeantwortet lassen und stattdessen mit einer Gegenfrage reagieren: »Warum denkst du das?«, »Woher wissen Sie das?« • Alternativ kannst du auch Gegenbeispiele bringen: »Herr XY bei XY macht das schon seit vielen Jahren – mit sehr guten Ergebnissen …« • Ein anderer Weg ist es, der Aussage zunächst vermeintlich zuzustimmen: »So wie das bei uns bisher gemacht wurde, kann es nicht funktionieren. Allerdings denke ich …« (→ Einleitung: »Die Gretchenfrage – Kann Führung in Teilzeit wirklich funktionieren?«)
»Teilzeitführung ist doch nur was für Muttis.«	Inzwischen gibt es viele weitere Gruppen, für die Teilzeit im Laufe ihrer Karriereentwicklung zum Thema werden kann. Beispielsweise sind da die Väter, von denen sich fast die Hälfte eine gleichberechtigte Aufteilung von Care- und Erwerbsarbeit wünscht.[91] Ein weitverbreiteter Grund für Teilzeit sind auch nebenberufliche Aus- und Weiterbildungen, außerdem wollen immer mehr Menschen weniger arbeiten, weil sie einen Vollzeitjob psychisch oder physisch als zu anstrengend empfinden oder sich mehr Zeit für andere Lebensbereiche wünschen (→ Kapitel »Zwischen Lifestyle und Notwendigkeit – Teilzeit ist Trend«).
»Jobsharing ist teuer.«	Von den Lohnnebenkosten her sind die Kosten für die Teilzeitkräfte oder eine Vollzeitkraft gleich. Zwei 20-Stunden-Kräfte würden gleich viel kosten wie eine 40-Stunden-Kraft. Es ist aber empfehlenswert, ein paar Stunden zur wöchentlichen Abstimmung und Übergabe zusätzlich (circa 10 bis 15 Prozent) einzurechnen – nach einer gewissen Eingewöhnung erreichen die Twins allerdings auch mehr Produktivität.[92]

Vorurteil	Gegenargument
»Führung in Teilzeit funktioniert nur bis zu einem bestimmten Level. Im Top-Management geht das nicht.«	Es gibt Gegenbeispiele, die dieses Argument widerlegen. Aktuell zum Beispiel Katy Roewer als Vorständin bei OTTO, die auch das Vorwort zu diesem Buch geschrieben hat. Trotzdem ist es richtig, dass der Workload und die Arbeitsbedingungen auf Top-Management-Level oft – vorsichtig gesagt – schwierig sind. Topsharing-Modelle können hier eine gute Alternative sein, um mit den Rahmenbedingungen als Teilzeitkraft klarzukommen. Gleichzeitig sind genau diese Arbeitsbedingungen aber auch aus vielen anderen Gründen problematisch – das Ziel aus meiner Sicht sollte also eigentlich sein, die Rahmenbedingungen zu verändern.
»Führung in Teilzeit ist für das Unternehmen mit vielen Nachteilen verbunden.«	Karriere in Teilzeit ist ein sinnvoller Baustein jeder Fachkräftesicherungsstrategie und ein nachhaltiger Employer-Branding-Vorteil am Arbeitsmarkt (→ Kapitel »Willkommen am Arbeitnehmermarkt – Teilzeit als Chance für Arbeitnehmer:innen und Arbeitgeber«). Darüber hinaus wissen wir aus der Forschung, dass Führungskräfte produktiver, motivierter und kreativer sind, wenn ihre Wünsche nach Flexibilität berücksichtigt werden.[93] In der Praxis bedeutet das oft, dass Teilzeitführungskräfte für mehr Effizienz und Effektivität im Business sorgen, beispielsweise durch die Identifizierung von Zeitfressern und das Vorleben eines zeitgemäßen Führungsstils.
»Als Teilzeitführungskraft nimmt dich doch keiner ernst.«	Damit dich andere ernst nehmen, musst du das zuerst einmal selbst tun. Auch hier kannst du aktiv nachfragen und Interesse an der Position des Gegenübers zeigen. Mit Fragen wie »Warum denkst du das?« oder »Wie findest du das?« kannst du auch hier versuchen, deine:n Gesprächspartner:in gedanklich auf neue Pfade zu leiten. Zudem kann es an dieser Stelle auch Sinn machen, auf die Vorteile von Teilzeitmodellen wie beispielsweise die bessere Life-Balance oder ihren Wert als Instrument zur Verbesserung der Chancengleichheit zu verweisen (→ Kapitel »Willkommen am Arbeitnehmermarkt – Teilzeit als Chance für Arbeitnehmer:innen und Arbeitgeber«).

Vorurteil	Gegenargument
»Führung in Teilzeit bedeutet dieselbe Arbeit für weniger Geld.«	Diese Aussage entspricht gerade bei vollzeitnahmen Modellen häufig der Realität. Das muss aber nicht so sein – dieser Effekt kann zum einen durch die Wahl eines passenden Arbeitsmodells und/oder zum anderen durch eine faire Vergütung vermieden werden. Kernpunkt dabei ist, ob mit der Teilzeit auch eine Reduzierung des Aufgabenvolumens und /oder eine Effizienzsteigerung erfolgt (→ Kapitel »Fair hält länger – Wir müssen über Geld reden!«).

#1 Es fängt immer bei dir an – dein Mindset ist eine wichtige Voraussetzung dafür, dass andere dich und dein Arbeitsmodell ernst nehmen können.

#2 Achte deshalb auch auf deine Sprache und etabliere motivierende Bilder für dich, denn sie prägen dein Denken und das anderer maßgeblich mit.

 # 3 Gute Argumente können dabei helfen, andere von Führung in Teilzeit zu überzeugen. Voraussetzung dafür ist, dass das Gegenüber dazu bereit ist.

2 It’s a match – Den passenden Arbeitgeber finden

Welche unterschiedlichen Wege führen zu einer Führungsposition in Teilzeit?

Ich gebe es ganz offen zu: Einen passenden Arbeitgeber als Teilzeitführungskraft zu finden ist alles andere als einfach. Immer noch werden zu wenige Führungspositionen in Teilzeit ausgeschrieben, und der Vermittlungsmarkt für qualifizierte Teilzeitjobs steht noch ganz am Anfang seiner Entwicklung. Der erste Schritt zu einer Führungsposition in Teilzeit bei einem neuen Arbeitgeber ist zunächst einmal, Vertrauen aufzubauen. Aber wie kann das gehen? Vor allem, wenn der Arbeitgeber möglicherweise noch keine guten Erfahrungen mit Führung in Teilzeit gemacht hat? Das zeige ich dir in diesem Kapitel. Außerdem werde ich dir Plattformen und Jobbörsen vorstellen, die dir die Suche nach einer Führungsposition in Teilzeit erleichtern können. Aber auch wenn du einen internen Wechsel anstrebst oder nach einer Auszeit auf deine Position in Teilzeit zurückkehren möchtest, findest du hier wichtige Tipps.

Am einfachsten ist oft der Weg des Umstiegs von Vollzeit auf Teilzeit, beispielsweise nach einer Eltern- oder Auszeit. Aber das ist und bleibt nicht die einzige Option. Mir wurde die Führungsposition während der Schwangerschaft mit meinem ersten Kind angeboten. Ich habe unter der Bedingung zugesagt, dass ich die Rolle in Teilzeit ausüben kann. Nach der Hälfte der Elternzeit haben mein Mann und ich die Rollen getauscht, und ich bin in den neuen Job in Teilzeit eingestiegen. Dieser Weg hat sich für mich als sehr gut machbar erwiesen – vielleicht auch, weil ich mich nie von einer Führungsrolle in Vollzeit auf Teilzeit umgewöhnen musste. Zugegeben, mein Beispiel ist immer noch ein Sonderfall, aber einer, der Mut macht, finde ich. Aber zurück zu dir: Wie gesagt, am einfachsten ist oft der Einstieg in eine Teilzeitführungsrolle im eigenen Unternehmen. Denn hier kennt und schätzt man dich bereits, eine wichtige Grundlage für die Zusammenarbeit mit dem Unternehmen ist somit schon vorhanden: gegenseitiges Vertrauen. Gleichzeitig ist mir bewusst, dass dieser Weg nicht immer gangbar ist. Entweder, weil der aktuelle Arbeitgeber Führung in Teilzeit (noch) nicht unterstützt, in dem Moment keine Führungspositionen frei sind oder weil die Chemie mit dem oder der potenziellen Vorgesetzten nicht stimmt.

In jedem Fall solltest du dir über deine persönlichen Rahmenbedingungen im Klaren sein, bevor du mit der Suche startest. Wie viele Stunden möchtest du arbeiten? Minimal und maximal? Kannst du dir die Arbeit im Tandem vorstellen, oder möchtest du die Führungsrolle gern allein ausfüllen? Neben diesen teilzeitspezifischen Themen spielen natürlich auch alle Kriterien eine Rolle, die du bei der Suche nach einem Vollzeitjob berücksichtigen würdest. Was ist dir an einem Arbeitgeber wichtig, neben der Tatsache, dass er Teilzeitführung unterstützt? Und vor allem: Was kannst du schon, und was möchtest du in Zukunft machen? Am besten organisierst du deine Überlegungen in einen kurzen, knackigen *Elevator Pitch*, um dich während deiner Jobsuche in formellen und auch informellen, geplanten und spontanen Gesprächen gut präsentieren zu können. Diese Kurzvorstellung in wenigen Sätzen kann dir dabei helfen, das Thema Teilzeit für dich und andere in Relation zu deiner Erfahrung und deinem Können zu setzen – und damit dafür zu sorgen, dass du vor allem als eines wahrgenommen wirst: als kompetente Führungsperson.

Dein Elevator Pitch als Teilzeitführungskraft

Dein Elevator Pitch ist ein wirkmächtiges Kommunikationsinstrument gegenüber potenziellen Arbeitgebern und sollte in wenigen Sätzen die Antwort auf folgende Fragen liefern:

- Wer bist du?
- Was kannst du, und was hast du bereits erreicht?
- Welche Rolle strebst du an?

Tipp: Wann du erwähnst, dass du in Teilzeit arbeiten möchtest, bleibt dir überlassen. Du kannst die Information gleich am Ende des letzten Punktes einfließen lassen »... und zwar in vollzeitnaher Teilzeit.« Oder »... in reduzierter Vollzeit«. Alternativ kannst du damit auch erst später rausrücken, wenn der potenzielle Arbeitgeber angebissen hat.

Du siehst also, es sind zunächst viele Fragen auf deiner Seite zu klären. In diesem Punkt unterscheidet sich die Jobsuche für Teilzeitführungskräfte erst einmal wenig von der nach einer Vollzeitposition. Auch wenn das explizite Angebot an Führungspositionen in Teilzeit nicht üppig ist, sind viele Unternehmen für das Modell prinzipiell offen. Dazu brauchen sie oft eine Idee, wie die Umsetzung in der Praxis funktionieren kann. Wenn du als Bewerber:in dieses Wissen ins Unternehmen bringst, ist das gleich ein doppelter Vorteil. Das Unternehmen gewinnt eine neue Führungskraft und profitiert von deinem Know-how zu Führung in Teilzeit.

Grundsätzlich gibt es drei unterschiedliche Wege, eine Führungsposition in Teilzeit zu finden. Der erste Weg führt über *explizit in Teilzeit ausgeschriebene Führungspositionen.* Diese haben zum einen den Vorteil, dass du die begründete Hoffnung haben kannst, dass der Arbeitgeber sich vorab bereits Gedanken über Führung in Teilzeit gemacht hat und das Modell auch wirklich unterstützt. Auch eine Recherche über die Sozialen Medien oder im Internet kann weiterhelfen – manche Unternehmen oder Corporate Influencer berichten auf diesen Kanälen sehr offen über Role Models und ihre Erfahrungen. Der zweite Weg führt über die *Bewerbung auf Vollzeitstellen.* Gerade für höherwertige Führungspositionen ist das oft immer noch der einzige Weg, da diese Stellen seltener in Teilzeit ausgeschrieben werden – das ist zumindest mein Eindruck. Hier macht es Sinn, sich als vollzeitnahe Teilzeitkraft oder direkt im Tandem auf diese Jobs zu bewerben.

In der Infobox unten findest du einen Überblick über alle wichtigen Jobplattformen und Vermittler, die aktuell Führungspositionen in Teilzeit in ihrem Repertoire haben und die du für deine Suche nutzen kannst:

Jobplattformen für Teilzeitführungspositionen

Familienfreundliche Arbeitgeber: Eine Jobbörse, die gezielt familienfreundliche Arbeitskulturen fördert und die Vereinbarkeit von Familie und Beruf in den Vordergrund stellt. In der Suche kann nach Stellen in Teilzeit selektiert werden (https://familienfreundliche-arbeitgeber.de).

Teilzeitkarriere.ch: Auf dieser Jobplattform finden Schweizer:innen ein umfassendes Angebot als Teilzeitstellen – auch in Führungspositionen. In der Suche kann nach dem gewünschten Arbeitszeitgrad gefiltert werden (https://www.teilzeitkarriere.ch).
JobTwins: Ein ähnliches Angebot wie PairToShare macht in Österreich Job Twins. Hier können interessierte Jobsharer:innen eine:n Partner:in finden und sich gemeinsam auf Vollzeitstellen bewerben (https://www.jobtwins.work).
Mom Hunting: Reverse-Recruiting-Plattform, die qualifizierte Jobs an Mütter vermittelt – teilweise auch in Teilzeit. Mütter können dort ihr Profil hinterlegen und werden dann mit Arbeitgebern gematcht. Ein Angebot für Väter ist in Planung (https://momhunting.com/).
Momjobs: Auf ambitionierte Mütter fokussierte Jobbörse, auf der auch nach Teilzeitpositionen gesucht werden kann. Neben offenen Stellen ist auf der Seite auch eine Übersicht familienfreundlicher Arbeitgeber zu finden (https://momjobs.de).
PairToShare: Plattform, die sowohl Tandemjobs als auch Tandem-Partner:innen vermittelt. Das Angebot befindet sich aktuell noch in der Betaphase. (https://www.pairtoshare.com/de).
Teilzeittalente (ehemals Teilzeitbörse): Unsere eigene kleine, aber feine Jobbörse für gute Teilzeitjobs in München, Berlin und remote. Aufgenommen werden nur Stellenangebote mit guter Bezahlung, interessanter Tätigkeit und echter Teilzeitoption (https://teilzeittalente.de/jobs).
TimeWins: In Österreich die erste Jobbörse für gut ausgebildete Teilzeittalente und qualifizierte Teilzeitstellen (https://timewins.at).
Twise: Twise bietet für Jobsuchende die Vermittlung von Tandemstellen oder Tandem-Partner:innen. Das Angebot richtet sich sowohl an Expert:innen als auch an Führungskräfte und explizit an Frauen (https://www.twise.eu).
Auch die großen Stellenportale wie Indeed oder Stepstone bieten inzwischen die Möglichkeit an, nach Teilzeitstellen zu suchen. Stepstone fragt bei einer neuen Jobsuche sogar im ersten Schritt ab, ob du auf der Suche nach einem Vollzeit- oder Teilzeitjob bist. Auch manche Unternehmen wie die Deutsche Bahn haben ihre internen Jobportale für die Suche nach Teilzeitstellen optimiert.

Gleichzeitig werden etwa 80 Prozent der Führungspositionen nicht offen ausgeschrieben.[94] Diese Positionen werden entweder intern, über Netzwerke oder Personalvermittler:innen besetzt, also über den sogenannten verdeckten Stellenmarkt. Deshalb machen in einem dritten strategischen Ansatz auch *Initiativbewerbungen* oder der Weg über Personalvermittler:innen Sinn – aber dazu musst du erst einmal wissen, bei welchen Unternehmen du dich bewerben möchtest. Bei der Zusammenarbeit mit Personalvermittler:innen solltest du mit deinem Elevator Pitch zuerst Interesse an dir als Person wecken. Das bedeutet auch, dass du deine Absicht, Teilzeit zu arbeiten, nicht gleich offenlegen musst. Du kannst alternativ beispielsweise nach der Familienfreundlichkeit des Arbeitsgebers fragen oder das Thema Life-Balance ansprechen. Die Reaktion des Vermittlers auf diese Fragen wird schnell zeigen, wie er oder sie zum Thema eingestellt ist. Vielleicht hat er oder sie ja bereits selbst im Familien- oder Bekanntenkreis Erfahrungen mit Führung in Teilzeit gemacht und findet das Modell gut. Möglicherweise wirst du aber auch auf vorsichtige Zurückhaltung stoßen. In beiden Fällen kannst du mit deinem Wissen und deiner proaktiven Haltung zum Thema punkten.

Du solltest aber auch dein eigenes Netzwerk in die Suche einbeziehen – denn gerade auf dem verdeckten Arbeitsmarkt läuft viel über Kontakte. Teile dein Anliegen beispielsweise auf LinkedIn oder nutze andere Netzwerke, um über deine Suche nach einer Führungsposition in Teilzeit zu sprechen. Das können berufliche Netzwerke wie FidAR, Nushu oder PANDA sein, die sich jedoch größtenteils an Frauen richten. Auch das Gespräch im Sportverein oder auf dem Schulsommerfest kann zum Erfolg führen. Dein Elevator Pitch wird dir in all diesen Kontexten gute Dienste leisten.

Am besten legst du eine Liste mit Netzwerkkontakten an und klapperst diese nacheinander ab. Du musst diese Menschen (noch) nicht alle persönlich kennen. Wichtig ist, dass du eine Idee hast, wie oder über wen du mit ihnen in Kontakt treten kannst. Dabei wirst du sehen, Menschen helfen einander in der Regel gern, und vielleicht kannst du dich auch irgendwann revanchieren. Der Vorteil bei der Suche über dein Netzwerk ist auch, dass du offen über deinen Teilzeitwunsch sprechen und gleichzeitig bereits in der Kontaktanbahnung die Offenheit für das Thema Teilzeit bei einem potenziellen Arbeitgeber abklopfen kannst.

Mit Moritz Orendt – dem Gründer der Teilzeitbörse – habe ich über seine Suche nach einer Führungsposition in Teilzeit gesprochen, der noch mal einen anderen Weg gegangen ist und aus einer persönlichen Herausforderung ein Geschäftsmodell gemacht hat.

Johanna: Was war der Grund dafür, dass du dich auf die Suche nach einer Führungsposition in Teilzeit gemacht hast?
Moritz: Von meinen bisherigen Tätigkeiten hat mir die Geschäftsführerposition meines selbst gegründeten Start-ups bisher am meisten Erfüllung gebracht. Deswegen möchte ich keine rein fachlichen Stellen mehr ausüben. In Teilzeit arbeite ich, weil ich zwei kleine Kinder habe und wir uns daheim die Arbeit partnerschaftlich aufteilen. Mit Vollzeitstellen geht das bei uns nicht auf.
Johanna: Was waren deine Erfahrungen auf diesem Weg?
Moritz: Zuerst einmal gibt es sehr wenige ausgeschriebene Führungspositionen in Teilzeit. Die meisten Teilzeitarbeitenden in Führungspositionen haben diese Stelle ursprünglich in Vollzeit ausgeübt und dann reduziert.

Bei den in Vollzeit/Teilzeit ausgeschriebenen Stellen ist es für mich als Bewerber meistens völlig unklar, ob ich als Teilzeitkraft hier überhaupt eine faire Chance bekomme oder ob Teilzeit nur als Bewerbermagnet oder aus Imagegründen mit dabeisteht.

Meiner Erfahrung nach gibt es die anspruchsvollen echten Teilzeitstellen mit Führungsaufgaben am ehesten in den Nischen, also bei Vereinen, Sozialunternehmen, Genossenschaften oder Stiftungen, weil die – nach meinem Gefühl – sowieso mehr am Menschen und dessen Bedürfnissen orientiert sind.

Insgesamt habe ich mich auf drei reine Teilzeitstellen beworben. Bei der dritten Bewerbung hat es geklappt, und ich habe eine Position als Geschäftsführendes Mitglied im Vorstand bei einem Verein gefunden. Das Schwierige für mich war nicht der Bewerbungsprozess an sich, sondern die Suche nach den richtigen Stellenangeboten.
Johanna: Siehst du hier Unterschiede zu den Erfahrungen, die Frauen beziehungsweise Mütter machen?

Moritz: Da kann ich nur spekulieren. Was mir nie vom Gegenüber im Bewerbungsprozess, aber doch mehrmals von mir freundlich verbundenen Personaler:innen gesagt wurde: »Als Mann hast du es besonders schwer. Wenn Unternehmen schon mal eine Teilzeitarbeitende als Führungskraft einstellen, dann wenigstens eine Frau. Als Mann bringst du ja nix für die Diversity.«

Johanna: Schlussendlich ist aus deiner Suche eine Geschäftsidee entstanden. Wie kam es dazu?

Moritz: Ich habe gesehen, wie groß der Bedarf nach anspruchsvollen Teilzeitstellen und wie mühsam gleichzeitig die Suche nach diesen ist. Deswegen habe ich meine eigenen Fundstücke an guten Stellenangeboten auf meiner Website teilzeitboerse.com und im dazugehörigen Newsletter veröffentlicht.

Damit möchte ich anderen Menschen auf der Suche Mut machen, dass es sie wirklich gibt, die guten Teilzeitstellen. Gleichzeitig soll die Teilzeitbörse sich zu einer professionellen Jobbörse entwickeln, auf der Organisationen die Rückmeldung bekommen, wie viele tolle Bewerber:innen auf tolle Teilzeitstellen warten.

Bezüglich der Option, sich initiativ zu bewerben, wird mir oft die Frage gestellt, wie man teilzeitfreundliche Arbeitgeber erkennen kann. Bisher gibt es keine Auszeichnung oder kein Siegel, das ausschließlich den Aspekt Teilzeitfreundlichkeit und insbesondere Karrieremöglichkeiten in Teilzeit in den Blick nimmt. Gleichzeitig bestätigen diverse Siegel und Audits unter anderem auch die Familienfreundlichkeit von Arbeitgebern oder zeigen ihr Commitment dazu. Die wichtigsten habe ich für dich in der folgenden Box zusammengefasst.

Ausgewählte Auszeichnungen, Siegel und Audits

Audit berufundfamilie: Das älteste und bekannteste Siegel für familienbewusste Arbeitgeber wurde von der Hertie-Stiftung ins Leben gerufen. Der mehrstufige Zertifizierungsprozess wird von erfahrenen Auditor:innen begleitet. Seit 1998 haben über 1.900 Arbeitgeber das Audit für die Gestaltung ihrer Vereinbarkeit von Beruf beziehungsweise Studium, Familie und Privatleben genutzt (https://www.berufundfamilie.de).

Charta der Vielfalt: Mit der Unterzeichnung der Charta der Vielfalt bekennen sich Unternehmen zu einem Arbeitsumfeld, das frei von Vorurteilen ist. Alle Mitarbeiter:innen sollen Wertschätzung erfahren – unabhängig von Alter, ethnischer Herkunft und Nationalität, Geschlecht und geschlechtlicher Identität, körperlichen und geistigen Fähigkeiten, Religion und Weltanschauung, sexueller Orientierung und sozialer Herkunft (https://www.charta-der-vielfalt.de).

Netzwerk Erfolgsfaktor Familie: Das Netzwerk ist eine Initiative der Bundesregierung. Unternehmen können dort einfach und durch die Abgabe einer Erklärung zur Familienfreundlichkeit Mitglied werden (https://www.erfolgsfaktor-familie.de).

Siegel Familienfreundlicher Arbeitgeber (DIQP): Dieses Siegel wird von der Zertifizierungsgesellschaft des Deutschen Instituts für Qualitätsstandards und -prüfung e.V. vergeben und basiert auf einer Mitarbeiterbefragung sowie HR-Interviews (https://www.diqp.eu/qualitaetssiegel-familienfreundlicher-arbeitgeber).

Qualitätssiegel Familienfreundlicher Arbeitgeber: Dieses von der Bertelsmann-Stiftung initiierte Qualitätssiegel wurde bis 2022 an Arbeitgeber für ihre familienfreundliche und lebensphasen-orientierte Personalpolitik verliehen. Eine List der ausgezeichneten Unternehmen findest du auf der Website (https://www.bertelsmann-stiftung.de/de/unsere-projekte/abgeschlossene-projekte/ausgezeichnete-arbeitgeber-2).

Die Vermutung liegt nahe, dass ein Arbeitgeber, der sich die Mühe einer Zertifizierung macht, sich um das Thema Vereinbarkeit bemüht und vielleicht auch aufgeschlossener gegenüber Teilzeitführung ist. Gleichzeitig erlebe ich in der Praxis hier durchaus noch einen Gap zwischen Familien- und Teilzeitfreundlichkeit. Denn manchmal endet die Familienfreundlichkeit dort, wo die Karriere anfängt.

Neben diesen Auszeichnungen und Siegeln spielen auch die klassischen Plattformen zur Arbeitgeberbewertung wie kunuu eine Rolle. Hier berichten ehemalige Mitarbeitende oft recht detailliert von ihren Erfahrungen beispielsweise in Bezug auf den Umgang mit Teilzeit. Gleichzeitig sind Unternehmen vielfältig – auch im Hinblick auf Einstellungen und Meinungen. Gerade in größeren Unternehmen kann es dir passieren, dass manche Bereiche super teilzeitfreundlich sind, in anderen an Karriere in Teilzeit nicht zu denken ist. Helfen kann auch hier eine Anfrage in deinem Netzwerk oder eine Recherche in den Sozialen Medien. Vor allem auf LinkedIn ist es meiner Erfahrung nach möglich, relativ einfach Kontakt zu Unternehmen oder Mitarbeitenden aufzunehmen und sich so ein gutes Bild des Unternehmens zu machen.

Zudem ist für deinen Erfolg als Teilzeitführungskraft neben einer grundsätzlichen Teilzeitfreundlichkeit vor allem ein Faktor wichtig: dein oder deine zukünftige Vorgesetzte:r.[95] Diese Erfahrung habe ich übrigens auch selbst gemacht. Ich würde nicht sagen, dass mein Unternehmen an sich besonders teilzeitfreundlich war, als ich dort gestartet bin. Wer aber unbedingt mich auf der Führungsposition haben wollte, war mein damaliger Chef. Er hat mit seiner Haltung und seinem Verhalten dafür gesorgt, dass das Modell für mich funktionierte. Aus diesem Grund rate ich dir, mit deinem oder deiner potenziellen Vorgesetzten direkt ins Gespräch zu gehen und die individuelle Einstellung dieser Person gegenüber Führung in Teilzeit persönlich zu überprüfen.

Was ist bei der Bewerbung zu beachten?

Du hast Positionen oder Arbeitgebende gefunden, bei denen du dich gern bewerben möchtest? Wunderbar. Dann stellt sich nur noch die Frage, wie genau du das jetzt anstellst. Der einfachste Fall ist sicher die *Bewerbung auf eine Teilzeitposition in Teilzeit.* Hier gilt all das, was bei einer »normalen« Bewerbung auch gilt. Informiere dich also vorab über das Unternehmen, sprich nach Möglichkeit mit Mitarbeitenden, um mehr über die Unternehmenskultur zu erfahren, und schau dir vor allem dein:e zukünftige:n Chef oder Chefin und dein Team genau an. Du kannst auch nach Role Models im Unternehmen fragen und hier gegebenenfalls um ein Gespräch bitten oder die Person in den Sozialen Netzwerken anschreiben. So wirst du schnell herausfinden, ob Führung in Teilzeit bereits ein gelebtes Modell im Unternehmen ist oder aktuell eher noch als reines Marketinginstrument dient.

Das Wissen darüber hilft dir, mit deiner Situation kompetent umzugehen. Ist schon viel Erfahrung im Unternehmen mit Führung in Teilzeit da? Wunderbar – dann kannst du direkt daran anknüpfen und von den Erfahrungen interner Role Models profitieren. Vielleicht macht es auch Sinn, über die Initiierung eines internen Netzwerks für Teilzeitführung nachzudenken? So profitierst du von den Erfahrungen deiner Peers und zeigst gleich zu Beginn, dass du echte Führungsqualitäten mitbringst. Aber auch, wenn dir die Gespräche zeigen, dass es im Unternehmen mit Praxiserfahrung zum Thema Teilzeitführung noch nicht weit her ist, ist das kein Beinbruch. In diesem Fall ist es umso wichtiger, dass du gut informiert in die Gespräche gehst und selbst Wissen über mögliche Modelle einbringst. Gleichzeitig solltest du dir überlegen, ob du eine externe Begleitung zur Implementierung von Teilzeitführung im Unternehmen anregst oder dir ein Coaching durch eine:n Expert:in mitverhandelst. Denn so erhöhst du die Wahrscheinlichkeit für dich und dein Unternehmen, dass das Modell erfolgreich sein wird.

Die zweite Variante ist die *Bewerbung in Teilzeit auf eine Vollzeitposition* oder eine *Initiativbewerbung* bei einem Unternehmen deiner Wahl. In diesem Fall kannst du erst mal nicht davon ausgehen, dass dein Zielunternehmen sich bereits mit dem Thema Teilzeitführung auseinandergesetzt hat. Hier ist die Kernfrage, ob du deinen Teilzeitwunsch bereits im Erstkontakt mittels Elevator Pitch beziehungsweise der Bewerbung angibst oder nicht. Beides ist aus meiner Sicht legitim. Ohne den Teilzeitwunsch ist deine Chance vermutlich höher, dass das Unternehmen oder der Personalvermittler anbeißt. Auf der anderen Seite kann es auch zu unschönen Situationen kommen, wenn du aus Sicht des Arbeitgebers zu spät im Prozess mit deinem Teilzeitwunsch rausrückst.

Schon im Anschreiben kannst du auf die Frage »Wie kann das funktionieren?« eingehen und mögliche Modelle erläutern. So zeigst du von Anfang an, dass du dich fundiert mit dem Thema auseinandergesetzt hast und bereits Ideen zur Umsetzung mitbringst. Gerade Unternehmen, die sich bisher wenig mit Teilzeitführung auseinandergesetzt haben, erleichterst du so den Einstieg. Sind dir nähere Rahmenbedingungen der Position bekannt, beispielsweise weil es sich um eine interne Bewerbung handelt, kannst du hier durchaus auch noch detaillierter werden und in einer Anlage ein mögliches Arbeitsmodell beschreiben. Strebst du ein Vertretermodell mit einem oder einer dir bekannten Kolleg:in an? Dann schildere eine grobe Aufgabenverteilung und beschreibe, wie die Abstimmung und Übergaben zwischen euch funktionieren könnten.

Damit kannst du den Arbeitgeber oder Vermittler jedoch auch überfordern. Vielleicht ist es für deine Situation dann eher der passende Weg, über eine gute Bewerbung und einen großartigen Elevator Pitch Interesse zu erzeugen, um dann in die Verhandlung über die Rahmenbedingungen zu gehen. Denn manche Unternehmen haben die Möglichkeiten von Führung in Teilzeit noch gar nicht auf dem Schirm und könnten durch das Gespräch mit dir Interesse an dem Arbeitsmodell entwickeln. In diesem Fall solltest du die oben beschriebenen Vorschläge zu einem möglichen Arbeitsmodell erst dann auf den Tisch legen, wenn du auch deinen Teilzeitwunsch äußerst. Je besser du vorbereitet bist, desto größer die Wahrscheinlichkeit, dass sich ein potenzieller Arbeitgeber auf Teilzeitführung einlässt.

Mit Anne Schmidt von Hagen habe ich über Bewerbungsstrategien für Teilzeitführungskräfte gesprochen. Sie war selbst Head of Leadership and Culture bei Lidl in Deutschland und hat auch persönlich Erfahrungen mit der Suche nach einer Führungsposition in Teilzeit gesammelt.

Johanna: Wie schätzt du die Möglichkeiten für Teilzeitführungskräfte am Arbeitsmarkt grundsätzlich ein?
Anne: Was ich wahrnehme, ist, dass Führung in Teilzeit zunehmend ein Thema ist in Unternehmen, das sehr oft mit sehr hoher Management Attention bearbeitet wird. Gleichzeitig erlebe ich, dass in der konkreten Situation einer Stellenbesetzung immer noch der Vollzeitbewerber der Teilzeitbewerberin – es sind ja in der Regel immer noch vorwiegend Frauen – vorgezogen wird. Es ist nicht einfach, eine ausgeschriebene Führungsposition in Teilzeit zu finden. Dazu kommt, dass die Führungsebene, auf der ich beispielsweise arbeite, meistens gar nicht ausgeschrieben, sondern über Personalberater oder intern besetzt wird.
Johanna: Welche Bewerbungsstrategie – offen oder verdeckt – hast du in deiner Suche genutzt?
Anne: Ich bin ganz offen damit umgegangen, weil ich überzeugt bin, dass es nur so Sinn hat. Ich habe mich mit einer relativ geringen Teilzeitquote von 25 Stunden pro Woche beworben. Abgesehen davon bin ich aber auch der Meinung, dass das ein Thema ist, was offen und direkt angesprochen gehört und dass es nicht etwas sein sollte, was einem unangenehm ist und was man dann versucht, in das Gespräch mit reinzuschummeln. So nach dem Motto: »Ach übrigens ... Vollzeit kann ich aktuell nicht leisten«.

Ob das der richtige Weg ist, weiß ich nicht. Ich kenne durchaus auch die Sichtweise: Überzeug den anderen doch erst mal von dir und deinen Kompetenzen, dann ist er vielleicht auch zu Kompromissen hinsichtlich der Arbeitszeit bereit. Ich merke aber, dass das nicht mein Weg ist. Dazu kommt bestimmt auch, dass ich der Überzeugung bin, es ändert sich nur etwas in Unternehmen, wenn ich als Bewerber mit diesem Thema souverän umgehe und es von Anfang an klar benenne. Gleichzeitig glaube ich auch, dass es was anderes ist, wenn man sich vollzeitnah bewirbt. Auf Grund meiner – für eine Führungsposition – relativ geringen Stundenzahl möchte ich aktuell am liebsten Jobsharing arbeiten.

Johanna: Und wie sieht deine professionelle Erfahrung mit dem Thema Teilzeitbewerbungen aus?

Anne: Als Personalerin fällt mir auf, dass Unternehmen auf der einen Seite oft hohen Leidensdruck in Sachen Recruiting haben und teilweise beklagen, sie würden nicht genügend qualifizierte Bewerbungen bekommen, auf der anderen Seite ganz offenbar immer noch in der privilegierten Situation sind, ihre Führungspositionen in Vollzeit besetzen zu können. Ich selbst habe Führungspositionen, die in meinem Bereich vakant waren, in Vollzeit ausgeschrieben, hatte dann aber in Bewerbungsgesprächen Kandidatinnen sitzen, bei denen ich den Eindruck hatte, dass sie eigentlich lieber Teilzeit arbeiten würden.

Das hat mich dann bewogen, noch mal nachzufragen. Ich erinnere mich noch sehr gut an diese Gespräche und an die Reaktion beim Gegenüber auf meine Nachfrage, bei der ich jedes Mal eine Mischung aus Verunsicherung und auch Erleichterung wahrgenommen habe. Und ich habe immer diese Angst gespürt, gegenüber einem ähnlich qualifizierten Bewerber, der Vollzeit arbeiten kann, den Kürzeren zu ziehen und dann die Stelle nicht zu bekommen. Hier musste auch ich intern manches Mal Überzeugungsarbeit leisten.

Über diesen QR-Code kommst du direkt zum ganzen Gespräch im Podcast!

Was für dich der richtige Weg ist, musst du individuell entscheiden und dich dabei auch ein Stück weit auf dein Bauchgefühl verlassen. Vielleicht macht es Sinn, beide Varianten zu testen, um zu prüfen, was für dich am besten funktioniert. Wenn du die Übernahme einer Führungsposition im Tandem anstrebst, empfehle ich auf jeden Fall auch eine gemeinsame Bewerbung. Im Anschreiben macht ihr das Unternehmen mit einem gemeinsamen Pitch neugierig und stellt dann in getrennten Lebensläufen eure beruflichen Stationen und individuellen Erfahrungen vor. Bei einer Tandembewerbung ist es auch empfehlenswert, der Frage nach der Umsetzbarkeit vorzugreifen. Im Kontext von Co-Leadership haben Stefanie Junghans und Janina Schönitz dafür den Begriff »Operating Model« geprägt, den ich hier auf Teilzeitführungsmodelle allgemein adaptieren möchte.[96] So zeigt ihr dem Zielunternehmen, dass ihr euch bereits eingehend mit dem Thema beschäftigt habt, und beugt häufigen Einwänden vor.[97]

Dasselbe gilt auch für die Vorbereitung des Bewerbungsgesprächs, nicht nur im Tandem. Du solltest dir vorab Gedanken darüber machen, wie deine Teilzeit in der Praxis funktionieren könnte – denn damit zeigst du einem potenziellen Arbeitgeber, dass du Kompetenz und Wissen zum Thema Teilzeitführung mitbringst. Schlussendlich profitierst du davon, wenn du dir konstruktive Gedanken über die Umsetzbarkeit gemacht hast. Aber nicht nur dein Arbeitsmodell spielt eine wesentliche Rolle. Ein weiterer Kernpunkt für den Erfolg von Teilzeitführung ist neben der gelebten Unternehmenskultur der oder die direkte Vorgesetzte. Deshalb solltest du neben fachlichen Themen im Bewerbungsgespräch vor allem auch versuchen, mehr über die Unternehmenskultur und die Haltung des oder der Vorgesetzten herauszufinden. Welche Fragen dir im Gespräch dabei helfen können, ein möglichst realistisches Bild der Teilzeitfreundlichkeit deines potenziellen Arbeitgebers zu zeichnen, habe ich für dich in der untenstehenden Infobox zusammengefasst.

Fragen fürs Vorstellungsgespräch

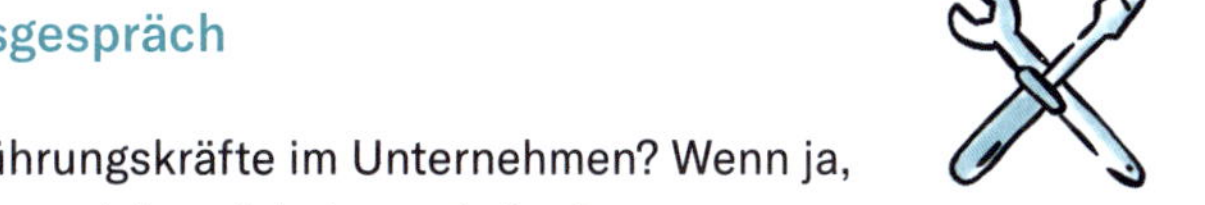

- Gibt es bereits Teilzeitführungskräfte im Unternehmen? Wenn ja, auf welchem Level und in welchen Arbeitsmodellen?
- Wie sichtbar sind diese? Kannst du mit einer dieser Personen sprechen?
- Was genau bedeutet Familienfreundlichkeit im Unternehmen?
- Was macht eine gute Führungskraft aus? Woran wird der Erfolg einer Führungskraft gemessen?
- Woran würde dein:e zukünftige:r Chef oder Chefin merken, dass Teilzeitführung funktioniert?
- Welche Auswirkungen von der Einstellung einer Teilzeitführungskraft erwartet dein oder dein:e zukünftige:r Chef:in auf die eigene Arbeit?
- Gibt es feste Vertretungsregelungen im Unternehmen? Wenn ja, wie sehen diese aus?

- Wie sehen Weiterbildungsformate für Führungskräfte im Unternehmen aus? Wie teilzeitfreundlich sind diese?
- Gibt es Überstundenregelungen für Führungskräfte und wenn ja, wie werden diese auf Teilzeitkräfte adaptiert?
- Welche Regeln gelten für variable und flexible Gehaltsbestandteile wie Boni oder vermögenswirksame Leistungen bei Teilzeitführungskräften?

Wie kann ich meinen Chef oder meine Chefin von Führung in Teilzeit überzeugen?

In den vergangenen Abschnitten habe ich den Weg bei einem neuen Arbeitgeber beschrieben. Sehr häufig findet der Wechsel von Voll- auf Teilzeit aber auch innerhalb eines Unternehmens statt. Die Gründe dafür können vielfältig sein – Elternschaft, Hobby, Ehrenamt oder Pflege. Auch in diesen Situationen musst du deinen Arbeitgeber vielleicht erst von Führung in Teilzeit überzeugen. Grundsätzlich gelten hier dieselben Tipps wie bei einer Bewerbung von außen – ein positives Mindset, ein durchdachtes Teilzeitmodell und fachliche Argumente bilden die Basis deiner »Bewerbung«. Gleichzeitig hast du einen großen Vorteil, denn du und dein Arbeitgeber kennt und schätzt euch hoffentlich. Dennoch haben viele Vorgesetzte Vorbehalte oder Unsicherheiten, wenn es um Führung in Teilzeit geht. Diese solltest du ernst nehmen und deinem Chef oder deiner Chefin Sicherheit vermitteln, indem du zeigst, dass du dich mit dem Thema auseinandergesetzt hast.

Für die Gesprächsführung möchte ich dir noch ein paar Tipps an die Hand geben. Da ihr euch bereits kennt, kannst du im Gespräch anders agieren als jemand, der nicht weiß, was deinem oder deiner Vorgesetzten wichtig ist. Wenn du dir überlegst, mit welchen Argumenten du in das Gespräch gehen möchtest, solltest du dir deshalb vorab Gedanken über die Persönlichkeit deines oder deiner Vorgesetzte:n machen. Ist er oder sie eher ein Faktenmensch – dann brauchst du vor allem rationale Argumente. Oder ist die Gefühlsebene stärker ausgeprägt? Dann könnten die Stimmung und Gefühle der Mitarbeiter:innen in den Vordergrund gestellt werden. Oder spielt vielleicht die eigene Machtposition eine große

Rolle? Dann überlege dir, was er oder sie davon hat, dass du die Position in Teilzeit übernimmst. Im Gespräch solltest du mit dem zweitstärksten Argument beginnen und das stärkste Argument als letztes bringen. So stellst du sicher, dass dieses im Kopf bleibt. Gleichzeitig darfst du vor allem auch Fragen stellen, um ein Gefühl dafür zu bekommen, wie Führung in Teilzeit mit deinem Chef oder deiner Chefin funktionieren könnte und worauf du achten kannst. Dazu kannst du die Fragen aus der Box auf den Seiten 141 und 142 zur Erwartungshaltung und der Einstellung zum Thema in das Gespräch einbauen.

Viele gute Argumente für Führung in Teilzeit findest du in Teil I des Buches. Die gängigsten habe ich an dieser Stelle noch einmal für dich zusammengefasst. Und auch hier gilt wie schon beim Abschnitt über die Vorurteile: Man kann nur Menschen überzeugen, die sich auch überzeugen lassen. Gleichzeitig ist wichtig, mit den passenden Argumenten aufzuwarten, die zur Persönlichkeit und Denkweise deines oder deiner Vorgesetzten passen.

Argument	Erklärung
Unternehmen, die Teilzeitmodelle für Führungskräfte anbieten, sind attraktiver und sichern sich einen Employer-Branding-Vorteil am Arbeitnehmermarkt.	Für den Großteil aller Mitarbeitenden ist Vereinbarkeit heute bei der Arbeitgeberwahl wichtig – auch unabhängig von Kindern oder pflegebedürftigen Angehörigen. Das belegen u. a die Zahlen aus dem Unternehmensmonitor Familienfreundlichkeit 2023.
Dein Chef oder deine Chefin profitiert davon, wenn du zum erfolgreichen Role Model für Führung in Teilzeit im Unternehmen wirst.	Wenn du mit als Erste:r als Teilzeitführungskraft im Unternehmen erfolgreich wirst, kann sich auch dein Chef oder deine Chefin in deinem Erfolg sonnen und sich damit als moderne Führungskraft im Unternehmen positionieren.
Teilzeit ist ein zukunftsträchtiges und attraktives Arbeitsmodell für Frauen und Männer.	Teilzeit ist heute ein Thema über verschiedenste Altersgruppen und Personenkreise hinweg – junge Mitarbeiter:innen, Mütter und Väter, aber auch Menschen, die neben dem Angestelltendasein eine Sinn- und Werteerfüllung im Ehrenamt, einer nebenberuflichen Selbstständigkeit oder ausreichend Me-Time suchen.

Argument	Erklärung
Wenn das Unternehmen deinen Bedürfnissen nach einer Reduzierung der Arbeitszeit nachkommt, hat das positive Auswirkungen auf deine Motivation, Produktivität und Kreativität.	Führungskräfte, deren Arbeitszeitwünsche berücksichtigt wurden, schätzen sich selbst als motivierter, produktiver und kreativer ein.[98]
Führung in Teilzeit ist ein wichtiges Instrument für mehr Diversität in Führungspositionen.	In den Führungsriegen deutscher Unternehmen dominieren immer noch Männer. Damit sich das ändert, müssen sich auch die Rahmenbedingungen verändern, unter denen Karriere stattfindet.[99] Dazu leisten flexible Arbeitsmodelle für Führungskräfte einen wesentlichen Anteil.
Flexible Arbeitsmodelle für Führungskräfte sind wirksame Personalentwicklungsinstrumente. Nicht nur für dich als Führungskraft, sondern auch in Richtung des Teams.	Im Vertretermodell, Co-Leadership oder Shared Leadership werden Kompetenzen und Wissen auf andere Personen übertragen. So können angehende Führungskräfte in eine neue Rolle hineinwachsen oder der Wissenstransfer zwischen den Generationen sichergestellt werden. Unabhängig vom Modell profitieren Teams von der Effizienz und von Effektivitätsvorteilen, die Teilzeitführungskräfte in ihre Teams bringen.
Führung in Teilzeit schafft mehr Chancengerechtigkeit und ermöglicht Karriere abseits der Vollzeitnorm.	Mit einer Flexibilisierung von Führung entsteht mehr Chancengerechtigkeit im Unternehmen, weil auch Menschen, die die Kompetenzen zur Führungskraft mitbringen, aber nicht in Vollzeit arbeiten können oder wollen, Führungsaufgaben übernehmen können.
Investitionen in Vereinbarkeitsmaßnahmen wie Führung in Teilzeit bringen Unternehmen eine Rendite.	Investitionen in Vereinbarkeit – wie die Besetzung einer Führungsposition im Tandem oder die Begleitung eines Pilotprojekts im Unternehmen – lohnen sich auch finanziell. Laut einer Studie der international agierenden Unternehmensberatung Roland Berger bringen Investitionen in Vereinbarkeitsmaßnahmen bis zu 40 Prozent Rendite.[100]

Egal ob bei der Bewerbung auf einen neuen Job, dem Wiedereinstieg in Teilzeit oder einer Initiativbewerbung – bei deiner Entscheidung für oder gegen einen Arbeitgeber oder einen Job darf dein Bauchgefühl auf jeden Fall eine Rolle spielen. Oft bemerken wir zunächst auf der körperlichen Ebene, wenn irgendwas nicht passt. Das berühmte Bauchgrummeln oder die kalten Füße sind gute Beispiele dafür. In der Kombination mit Sachargumenten, beispielsweise aus einer Pro-Contra-Liste, schaffst du so eine gute Basis für eine fundierte Entscheidung.

#1 Die Basis deiner Bewerbung bildet ein guter Elevator Pitch, der deine fachlichen Kompetenzen, Ziele und Erfahrungen beinhaltet – denn du bist weit mehr als nur dein Wunsch nach Teilzeit.

#2 Viele Wege führen zur Führungsposition in Teilzeit. Ob du von Anfang an offen mit deinem Teilzeitwunsch umgehst oder erst später im Prozess darauf zu sprechen kommst – beides kann, abhängig vom Kontext, stimmig sein.

#3 Für Führung in Teilzeit gibt es viele gute Argumente, mit denen du dich auf das Gespräch mit deinem Chef oder deiner Chefin vorbereiten kannst.

3 Solo, im Tandem oder als Team – Dein ideales Operating Model

Welche Faktoren beeinflussen die Ausgestaltung des eigenen Teilzeitmodells?

Du hast ein spannendes Unternehmen oder eine interessante Position gefunden? Oder planst gerade die Rückkehr nach einer Eltern- oder Auszeit auf deine Führungsposition in Teilzeit? Wunderbar, dann geht's jetzt an die Umsetzung. Aber wie? Diese Frage ist gar nicht so einfach zu beantworten, weil sie von vielen verschiedenen Faktoren abhängt und nicht allein in deiner Entscheidungsfreiheit liegt. Mindestens dein (potenzieller) Arbeitgeber hat hier ein Wörtchen mitzureden. Aber auch deine Persönlichkeit, die gewünschten Arbeitsstunden und die Kultur deines Unternehmens spielen eine große Rolle dafür, welches Teilzeitmodell in den Kontext passt. Um von deiner Vision einen großen und wichtigen Schritt in Richtung Umsetzung gehen zu können, brauchst du ein klares Bild darüber, was für dich möglich ist und wie du selbst gern arbeiten möchtest. Auf diese Weise schaffst du eine solide Basis, die du dann mit (d)einem Arbeitgeber und eventuell auch deinem oder deiner Partner:in einem Realitätscheck unterziehen kannst.

Dazu zeichnest du im ersten Schritt ein Bild deiner Rahmenbedingungen und deines Wunscharbeitsmodells, deines persönlichen *Operating Models*. Denn wenn du ohne ein klares Zielbild in die Gespräche mit (d)einem Arbeitgeber startest, besteht immer die Gefahr, dass du an für dich wichtigen Stellen »über den Tisch« gezogen wirst. Das passiert in der Regel gar nicht in böser Absicht – aber woher soll dein Arbeitgeber wissen, was dir wichtig ist, wenn du es selbst nicht weißt?

Dein Wunscharbeitsmodell

Mit diesen Fragen reflektierst du deine persönlichen Rahmenbedingungen und entwickelst eine erste Vorstellung davon, wie dein Teilzeitmodell aussehen könnte.

- Was ist dein langfristiger Karriereplan, und welcher Schritt passt jetzt am besten für dich?
- Welche Rolle und welches Hierarchielevel strebst du an?
- Wie viel Geld benötigst du monatlich, um deine laufenden Kosten zu decken und für das Alter vorsorgen zu können?
- Was ist dein Wunschgehalt? Wie hoch sollen die Anteile von Fixgehalt und variablen Gehaltsbestandteilen sein?
- Wie viele Stunden möchtest du arbeiten? Minimal und maximal?
- Wie sollten deine Arbeitsstunden über die Woche verteilt sein? Oder ist das für dich nicht wichtig?
- Möchtest du ganz oder teilweise im Homeoffice arbeiten? Wenn ja, wie viele Stunden minimal und maximal?
- Wenn du Kinder oder betreuungsbedürftige Angehörige hast: Wie sieht das passende Betreuungsmodell aus? Gibt es ein Back-up für dich, und wenn ja, welches? Wer kann dich unterstützen, sowohl im privaten als auch im professionellen Bereich?
- Gibt es Vorbilder in deinem Umfeld oder darüber hinaus, mit denen du sprechen kannst?

Was ergibt sich für dich aus der Beantwortung dieser Fragen? Wo siehst du noch Klärungsbedarf? Was ist jetzt klarer?

Tipp für Eltern: Die Fragen eignen sich auch als Basis für ein Gespräch mit deinem Partner oder deiner Partner:in, in dem es um die Aufteilung von Care- und Erwerbsarbeit und damit eure berufliche Weiterwicklung sowie eure Finanzplanung geht.

Was ist ein Operating Model?

Du siehst also: Die Wahl des persönlichen Arbeitsmodells hängt zum einen von dir ab, hat aber auch starke Abhängigkeiten zum Kontext deines Unternehmens. Was in der einen Organisation gut funktioniert, muss nicht unbedingt für eine andere passend sein. Dein Arbeitsmodell – oder Operating Model – sollte die Antwort auf die Frage liefern, wie Führung in Teilzeit für dich auf einer bestimmten Position funktionieren kann. Es umfasst die Grundpfeiler deiner Teilzeitführungsrolle, beschreibt die Dauer und Lage deiner Arbeitszeiten und gibt Antwort auf die Frage, wer außerhalb dieser Zeiten ansprechbar ist. Es beinhaltet wichtige Kommunikationswege und -regeln und zeigt, welche Aufgaben du wahrnimmst und welche Teile der Führungsrolle gegebenenfalls von anderen Personen übernommen werden. Kurz: Dein Operating Model beantwortet die Frage, wie du deine Arbeitszeitreduzierung in der Praxis umsetzen willst. Die Beantwortung dieser Fragen ist aus meiner Erfahrung essenziell für deinen Erfolg als Teilzeitführungskraft – egal, ob du die Führungsrolle allein oder gemeinsam mit anderen wahrnimmst.

Um deinen Kolleg:innen oder wichtigen Stakeholdern im Unternehmen das Verständnis deines Arbeitsmodells zu erleichtern, macht es Sinn, eine Übersichtsgrafik zu erstellen, aus der die Grundzüge des Konstrukts hervorgehen. Denn dass dein/euer Arbeitsmodell schnell verstanden wird, ist wichtig. Passiert das nicht, bleibt viel Raum für Missverständnisse und Spekulationen – oft nicht zu deinen Gunsten. Auf den folgenden Seiten findest du unterschiedliche Beispiele für Operating Models. Abhängig vom Arbeitsmodell sehen auch diese Modelle sehr unterschiedlich aus.

Dein Operating Model macht deine Ideen transparent und hilft dir, dein Arbeitsmodell nach außen zu erklären. Im Rahmen von Bewerbungsunterlagen kann es eine erste Antwort auf die Frage »Wie kann Führung in Teilzeit funktionieren?« sein, neuen Mitarbeitenden in deinem Team beim Onboarding Orientierung geben und dich dabei unterstützen, dein Arbeitsmodell deinem Chef oder deiner Chefin zu erklären. Aber auch bei der Kommunikation in Richtung interner Kund:innen oder Gremien wie dem Betriebsrat kann dir ein klares Operating Model gute Dienste leisten.

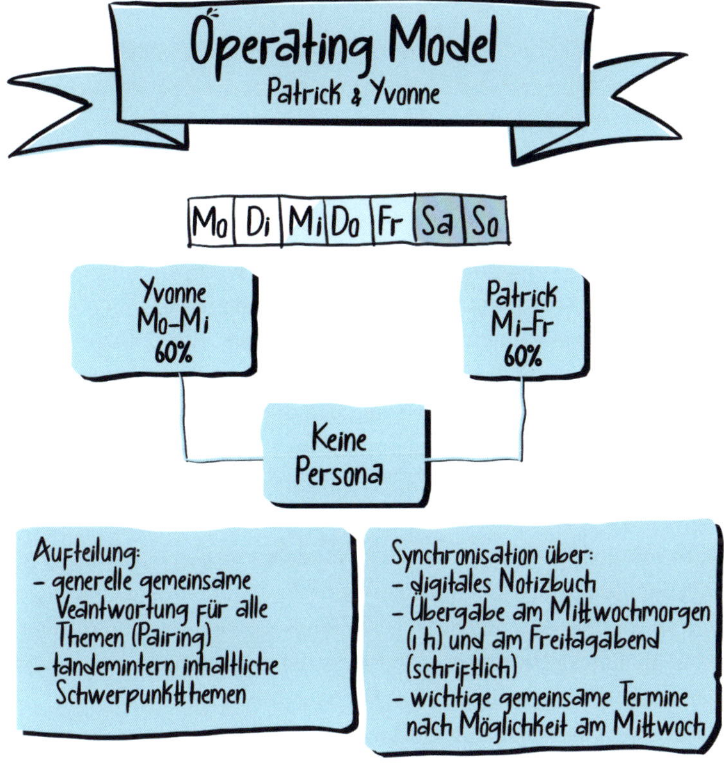

Dieses Beispiel zeigt das Operating Model von Patrick und Yvonne, über die du im folgenden Interview gleich auch noch etwas mehr erfahren wirst. Beide arbeiten mit einem Anteil von 60 Prozent auf der Position in einem klassischen Wechselmodell mit Mittwoch als gemeinsamem Arbeitstag. In der Kommunikation werden beide über ihre eigenen E-Mail-Adressen angesprochen und setzen sich außerdem stets gegenseitig in Kopie. Sie verantworten Themen gemeinsam und sind somit auch gleichermaßen auskunftsfähig. Tandemintern haben sie Schwerpunktthemen festgelegt, die federführend jeweils von einer Person bearbeitet werden – nach außen wird diese Aufteilung aber nicht thematisiert. Über eine (schriftliche) Übergabe am Mittwoch und Freitag sowie ein gemeinsames digitales Notizbuch sorgen sie für Synchronität.

Yvonne Demir und Patrick Metz teilen sich eine Director-Position bei Merck. Mit ihnen habe ich über ihr Operating Model gesprochen und wie sie ihren Alltag im Tandem organisieren.

Johanna: Wie seid ihr zum Tandem geworden, und seit wann teilt ihr euch eine Stelle?
Yvonne: Wir haben uns vor ein paar Jahren über ein Mentoring-Programm von Merck kennengelernt, aus dem sich ein regelmäßiger privater Stammtisch entwickelt hat. Zufälligerweise kamen unsere Kinder beide im Sommer 2021 zur Welt. Patrick hat mich noch mitten in der Elternzeit gefragt, ob ich nach meiner Rückkehr auch die Arbeitszeit reduzieren möchte, um mir mit ihm eine Stelle zu teilen.
Johanna: Wie organisiert ihr euch? Wer macht was, und wie geht ihr mit Übergaben um?
Patrick: Für unser Tandem haben wir vereinbart: Grundsätzlich sind wir für alle unsere Themen gleich verantwortlich, unabhängig davon, wer gerade an welcher Aufgabe arbeitet. Anfangs wollten wir auch zu allen Themen ähnlich viel beitragen. Die Praxis hat aber gezeigt: Eine gewisse Aufteilung von Schwerpunkten macht unser Tandem effizienter. So treibe ich beispielsweise das Thema gesunde Führung im aktuellen Projekt nach vorn, während Yvonne das Thema Achtsamkeit voranbringt. Wichtig ist, dass wir beide trotzdem auskunftsfähig zu allen Themen bleiben. Das stellen wir durch einen guten Austausch und die Dokumentation der wesentlichen Punkte in einem gemeinsamen Notizbuch sicher.

Zur Übergabe und Abstimmung reicht uns mittlerweile eine Stunde pro Woche am Mittwochmorgen, anhand vorbereiteter Notizen. Meine Übergabe an Yvonne am Freitagabend geschieht meist nur schriftlich oder zusätzlich mit einer WhatsApp-Sprachnachricht. Dieses Mittel nutzen wir auch mal, wenn wir uns unter der Woche dringend abstimmen müssen. Wenn besonders wichtige Termine anstehen, versuchen wir diese gemeinsam mittwochs wahrzunehmen – falls möglich. Ansonsten gilt: Jede:r von uns kann allein für das Tandem entscheiden.
Johanna: Was sind für euch die größten Vorteile und Herausforderungen an der Arbeit im Tandem? Und wie geht ihr damit um?

Yvonne: Was uns persönlich am meisten positiv überrascht hat, ist die Möglichkeit, besonders knifflige Entscheidungen miteinander zu spiegeln. Die Qualität unserer Entscheidungen und Arbeitsergebnisse ist dadurch eigentlich immer besser geworden. Auch können wir an unseren freien Tagen guten Gewissens abschalten, weil wir wissen, dass während unserer Abwesenheit alles weiterläuft. Das gilt im Übrigen auch, wenn eine:r von uns im Urlaub ist oder unerwartet ausfällt.

Was für uns anfangs etwas herausfordernd war, war, den richtigen Detailgrad und das für uns passende Werkzeug zur Dokumentation zu finden. Das war mal zu wenig, mal zu umfangreich, was dann wiederum viel Zeit bei der Übergabe gekostet hat.

Bei uns weniger schwierig, aber eine grundsätzliche Herausforderung ist sicherlich, dass man sich darauf einstellen muss, dass der Tandempartner auch mal anders vorgeht und entscheidet, als man es selbst gemacht hätte. Unser Tipp dazu: immer im offenen Austausch bleiben, regelmäßig und rechtzeitig Feedback geben und Verschiedenes ausprobieren, bis die Abläufe rund sind. Wir waren innerhalb weniger Monate sehr gut eingespielt.

Über diesen QR-Code kommst du direkt zum ganzen Gespräch im Podcast!

Neben dem Tandem könnte dein Operation Modell als Führungskraft im Effizienzmodell beispielsweise auch so aussehen wie bei Johanna:

Johanna arbeitet in einem Wechselmodell mit drei langen und zwei kurzen Tagen und ist auch außerhalb dieser Zeiten im Notfall mobil erreichbar. Was genau ein Notfall ist, darüber gibt diese verkürzte Darstellung keine Auskunft; dies wird individuell in der »Langfassung« vereinbart und festgehalten. Für Krankheit und Urlaub gibt es einen festen Vertreter. Beschrieben sind auch Maßnahmen, die die Effizienz der Führungskraft sicherstellen und im Endeffekt die Umsetzbarkeit des Modells gewährleisten sollen. Dazu gehören beispielsweise eine gute Meetinghygiene, Fokuszeiten für die Bearbeitung von eigenen Aufgaben sowie ein bewusster Umgang mit E-Mails. Außerdem werden Themen wie die Organisation komplexer Meetings und die Budgetkontrolle sowie die Erstellung von Protokollen an eine Person im Team delegiert.

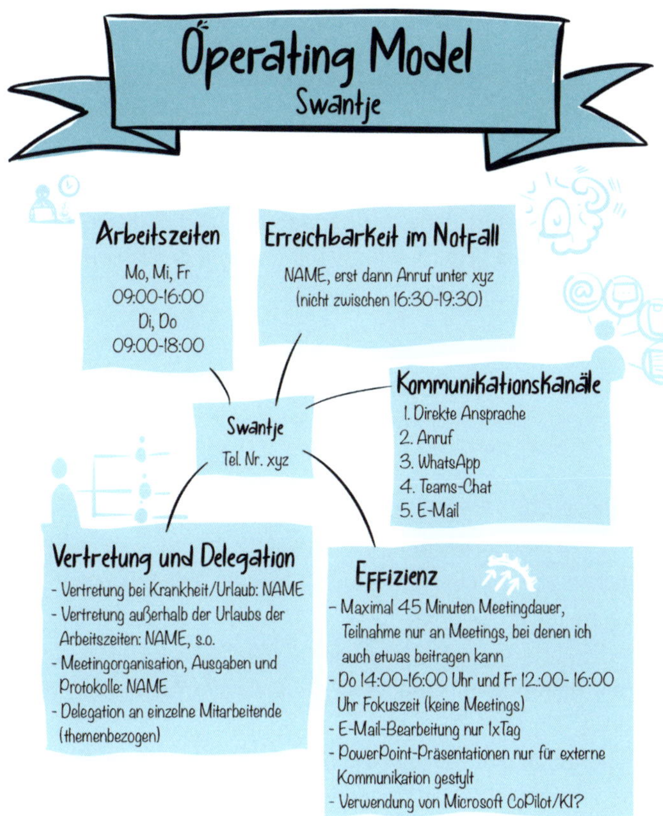

Dieses Beispiel zeigt das Operating Modell von Swantje, einer Führungskraft, die Elemente des Effizienzmodells mit dem Vertretermodell kombiniert. In diesem Beispiel wird die Führungskraft am Freitag von einem Mitarbeiter vertreten. Außerdem geht aus dem Modell hervor, dass die Entlastung der Teilzeitführungskraft durch eine Mischung aus Effizienzvorteilen und der dauerhaften Delegation von Aufgaben ins Team realisiert wird. Auch wird deutlich, dass E-Mail als Kommunikationsmedium im Team möglichst vermieden und eine direkte Kommunikation bevorzugt wird. Eine gute Meetinghygiene und Fokuszeiten sind weitere Elemente, die die Effizienz der Führungskraft sicherstellen sollen.

Du siehst, eine verkürzte Übersicht des Operating Models bedarf der Erklärung und Ergänzung. Gleichzeitig reduziert sie Komplexität und macht dein Modell für andere greifbar. Sie veranschaulicht aber gut die grundsätzlichen Ideen und kann zur Kommunikation des Modells genutzt werden. Details sollten in einer internen Wissensdatenbank, einer FAQ-Liste oder einem anderen für alle Teammitglieder zugänglichen Dokument detaillierter beschrieben werden. Im Fall des Tandems wären das beispielsweise die konkrete Arbeitsaufteilung für den Splitting-Anteil; für das Vertretermodell sollte geklärt sein, wann und wie der oder die Vertreter:in in die Kommunikation einbezogen wird.

Dein Operating Model

Mit diesem Tool kannst du dein eigenes Operating Model entwerfen. Ist bereits klar, dass du die Führungsrolle gemeinsam mit einer oder mehreren anderen Personen ausüben wirst, beantwortet ihr die Fragen gemeinsam für euch.

- Erreichbarkeit (Wann bist du/seid ihr anwesend? Wann nicht? Was passiert im Notfall?)
- Kommunikation und Kanäle (Wie bist du/seid ihr erreichbar? Über welche Kanäle? Und für wen?)
- Aufgabenverteilung (Was sind deine/eure Themen? Was machen andere? Was sind ggfs. gemeinsame Themen?)
- Vertretungsregelung (Wer vertritt dich/euch bei Urlaub oder Krankheit? Wer ist außerhalb deiner/eurer Arbeitszeiten zuständig?)
- Delegation (Welche Aufgaben werden dauerhaft delegiert? Welche themen- oder projektbezogen? Und an wen?)
- Effizienz (Wie stellst du/stellt ihr Effizienz im Team her? Mit welchen Tools und Prozessen? Wie ist der Umgang mit Meetings?)

Tipp: Du kannst dein Operating Model auch um den privaten Aspekt ergänzen, vor allem wenn du Kinder oder pflegebedürftige Angehörige hast. Wie sieht das Betreuungskonzept aus? Was passiert im Krankheitsfall? Welche Unterstützung gibt oder braucht es noch, beispielsweise im Haushalt?

Einmal erstellt, darf und soll sich dein Operating Model weiterentwickeln. Ein erster Entwurf im Rahmen einer Bewerbung muss bei Antritt der Position gemeinsam mit den Beteiligten ausgearbeitet werden. Gleichzeitig kannst du dieses Tool auch für dich nutzen, wenn du schon länger in Teilzeit führst. Es schafft Klarheit über eventuelle Schwachstellen deines aktuellen Arbeitsmodells und kann dir dabei helfen, Lösungen für deine Herausforderungen zu entwickeln. Denn in der Regel spiegeln sich wiederkehrende Probleme in deiner Teilzeitrolle im Operation Model wieder. Fehlt beispielsweise eine Vertretungsreglung oder ist deinem Team nicht klar, ob und in welchen Fällen es dich außerhalb deiner Arbeitszeiten erreichen kann, wird das im laufenden Betrieb immer wieder zu Problemen führen.

#1 Welches Arbeitsmodell konkret zu dir passt, hängt von vielen verschiedenen privaten und beruflichen Faktoren ab.

#2 In deinem Operating Model beschreibst du dein Arbeitsmodell und gibst Antworten auf die Frage, wie Führung in Teilzeit funktionieren kann.

#3 Dein Operating Model ist kein starres Konstrukt, sondern darf sich mit dir und deinem Team weiterentwickeln.

4 Jetzt wird's ernst – Die ersten 100 Tage als Führungskraft in Teilzeit

Wie gehe ich mit meiner Rolle als Pionier:in im Unternehmen um?

Hast du den passenden Job gefunden, machst du dir vielleicht schon tausend Gedanken darüber, wie der Einstieg in die neue Rolle gelingen kann. Mit dem ersten Entwurf deines Operating Models hast du einen großen Punkt bereits angepackt, an dem du nach dem Start in der neuen Rolle weiterarbeiten wirst. In den ersten 100 Tagen geht es nun darum, den inhaltlichen Einstieg in deinen Job zu finden und dein Operating Model mit Leben zu füllen. Eine Frage, die sich viele frischgebackene Teilzeitführungskräfte stellen, ist: Wie offensiv soll ich mit meiner Rolle als Teilzeitführungskraft umgehen? Darf ich von Anfang an Forderungen stellen, die für das Gelingen des Modells zentral sind, oder sollte ich lieber erst versuchen, mit meinem – vielleicht ungewöhnlichen – Arbeitsmodell möglichst wenig aufzufallen?

Ich bin davon überzeugt, dass Transparenz und Klarheit von Beginn an zentral für deinen Erfolg sind. In den ersten Tagen und Wochen geht es vor allem darum, dass alle Kolleg:innen möglichst schnell dein Operating Model verstehen und akzeptieren, und dass ihr euch gemeinsam auf die neue Situation einstellt und gut damit arbeiten könnt. Wenn du beispielsweise Arbeit ins Team delegierst oder an einzelnen Meetings nicht selbst teilnimmst, darf das nicht als Desinteresse oder Faulheit ankommen. Dazu musst du gut erklären, warum du das so machen möchtest, und aktiv um Feedback zu deinem Konstrukt bitten. Denn manches hast du vielleicht nicht bedacht oder stellt sich in der Praxis dann doch anders dar, als gedacht. Das alles geht jedoch nur, wenn du offen über dein Modell sprichst und transparent damit umgehst.

Gerade in Umfeldern, die noch wenig Erfahrung mit Teilzeitführung haben, ist es gleichzeitig aber oft wichtig, den Eindruck zu vermitteln, dass man alles im Griff hat. Vor allem in Richtung Management ist manchmal etwas mehr Fassade gefragt, um sich nicht angreifbar zu machen. Deinem Team gegenüber empfehle ich aber immer eine so offene Kommunikation wie möglich – denn das macht dich als Führungskraft authentisch und nahbar. Auf der anderen Seite ist es wichtig, dass du mögliche Stolpersteine von Anfang an thematisierst und versuchst, Lösungen herbeizuführen. Viele Teilzeitführungskräfte der ersten Stunde berichten, dass sie zu Beginn vor allem dankbar für die Chance auf eine Karriere in Teilzeit waren und deshalb versucht haben, mit ihrem Arbeitsmodell möglichst wenig aufzufallen und möglichst wenig Forderungen zu stellen. Diese Erfahrung habe ich auch ein Stück weit gemacht und kann im Nachhinein sagen, dass das nicht der richtige Weg ist.

Professionell ist es, von Anfang an dafür zu sorgen, dass das Konstrukt auch wirklich funktionieren kann. In der Praxis bedeutet das beispielsweise auch, die vereinbarten Ressourcen für die Delegation von Assistenztätigkeiten einzufordern und sich über mögliche Alternativen Gedanken zu machen, wenn das nicht funktioniert. Denn du bist nicht allein für den Erfolg des Modells verantwortlich – dein Arbeitgeber hat sich aktiv dafür entschieden, dich in Teilzeit anzustellen, und trägt mindestens die Hälfte der Verantwortung für das Gelingen.

Mit Swantje Abrams habe ich darüber gesprochen, was sie bisher als Teilzeitführungskraft über das Konzept gelernt hat. Sie hat für Beiersdorf und Unilever gearbeitet und führt heute in Teilzeit das DACH-Geschäft der Wasch- und Reinigungsmarke Ecover.

Johanna: Welche Erfahrungen hast du als Teilzeitführungskraft bisher gemacht?
Swantje: Ich hatte das Glück, für zwei tolle Unternehmen gearbeitet zu haben, die das Thema Vereinbarkeit großschreiben und aktiv unterstützen. Mir persönlich hat das auf meiner Reise viel Rückenwind gegeben. Gleichzeitig muss ich sagen – Vereinbarkeit ist kein Selbstläufer. Man muss sich als Teilzeitführungskraft gut im Griff haben und wissen, was man will. Aber man muss auch sein Umfeld gut managen. Das ist sicher eines der großen Learnings bisher für mich.
Johanna: Was hast du sonst noch über dich und andere gelernt?
Swantje: Viele Teilzeitführungskräfte sind Pionier:innen in ihrem Unternehmen, und diese Pionierrolle braucht ein aktives Management. Wenn

– wie in meinem Fall – die 80 Prozent erst mal im Vertrag stehen, dann ist das der erste Schritt; die eigentliche Arbeit kommt erst noch. Freue dich, wenn du den Teilzeitvertrag unterschrieben hast, und dann fang damit an, das Thema aktiv zu gestalten.

Ich habe mich bei meiner ersten Teilzeitführungsrolle sehr darüber gefreut, dass ich in Teilzeit in Unternehmen einsteigen durfte. Und ich habe auch gemerkt, dass das ein Modell ist, mit dem ich meinen beiden Leben gerecht werden kann. Gleichzeitig hatte ich ein schlechtes Gewissen meinem Arbeitgeber gegenüber. Er ist mir mit dem Vertrag entgegengekommen, allein schon deshalb muss das jetzt funktionieren. Idealerweise so, dass ich nicht mit meinem Arbeitszeitmodell auffalle und irgendwelche Ansprüche stelle. Ich habe dann sehr lange versucht, Dinge wie die Organisation komplexerer Termine mit meinen eigenen Ressourcen zu managen. Auch das Thema »Netzwerken« habe ich erst mal hinten angestellt, weil das ja nicht sofort einen positiven Impact auf meinen Job hatte. Mit dem Resultat, dass ich am Ende das Feedback bekommen habe, dass ich keine gute Netzwerkerin sei.

Außerdem habe ich in den 15 Jahren, bevor ich als Mutter und Teilzeitführungskraft angefangen habe, so meine Default-Mechanismen entwickelt, also Automatismen, mit denen ich auf bestimmte Situationen reagiere. Wie gehe ich damit um, wenn es mal nicht so gut läuft? Wenn ich mal viel zu tun habe? Wenn ich mir ein neues Projekt herangezogen habe, weil ich da einfach Freude dran habe, aber eigentlich nicht die Kapazitäten dafür? Dann war mein Default-Mechanismus, kräfte- und zeitmäßig eine Weile zu überinvestieren. Aber das funktioniert heute einfach nicht mehr, weil ich jetzt zwei Jobs habe. Einen neuen Umgang mit solchen Situationen und damit einen neuen Default-Mechanismus für mich muss ich erst mal definieren. Und das braucht Selbstreflexion und Zeit.

Aber ich finde auch sehr wichtig, was ich über meine Partnerschaft gelernt habe. Was unbewusst passiert ist, ist, dass meine Karriere in unserer Partnerschaft so ein bisschen an Glanz verloren hat. Zumindest für eine Seite schien dann klar zu sein, wer den Großteil der Kranktage und der Care-Arbeit übernimmt. Für mich bedeutet das, auch das Thema aktiv anzugehen und in der Partnerschaft zu moderieren. Teilzeit heißt nicht, dass die Karriere am Ende ist oder dass man weniger Ambitionen hat.

Johanna: Was wirst oder willst du beim nächsten Mal von Anfang an anders machen?

Swantje: Zukünftig gehe ich schon vor Antritt der Position aktiv in den Austausch mit dem Arbeitgeber. Wie managen wir das? Was priorisieren wir, was wird bewusst nicht gemacht? Was sind Zeitfresser, die vielleicht in Zukunft anders erledigt werden können? Außerdem würde ich dafür sorgen, dass ein regelmäßiger Feedbackprozess stattfindet, in dem auch reflektiert wird, wie es in der Teilzeit läuft und was beide Seiten daraus lernen. Denn nur so kann man in einen gemeinsamen Lernprozess einsteigen, um sich kontinuierlich zu verbessern, und vielleicht auch Stellschrauben im Unternehmen identifizieren. Ich würde mir auch wünschen, dass Unternehmen aktiv sicherstellen, dass sich entsprechende Netzwerke im Unternehmen bilden und diese Learnings weitergetragen werden.

Heute gehe ich mit einer anderen inneren Einstellung ran. Teilzeit bedeutet auch nur ein Teil des Gehaltes, also muss ich kein schlechtes Gewissen haben, wenn ich Ansprüche an den Arbeitgeber stelle oder Vorschläge mache. Das ist für mich auch ein Teil davon, meinen Default-Mechanismus zu reflektieren und dann zu fragen, wie ein neuer Modus aussehen könnte, der in der Zukunft funktioniert. In meinem Fall heißt es einfach, deutlich besser Prioritäten zu setzen und immer wieder zu reflektieren: Für was ist jetzt die Zeit? Was ist jetzt dran?

Mit Blick Richtung Team bedeutet das Empowerment der Mitarbeitenden. Ich war zum Glück noch nie ein Mikromanager. Aber das Thema Führung by Objectives, also Führen über Zielvereinbarungen, wird noch mal wichtiger. Auch Zeitfresser zu identifizieren ist ein weiterer Punkt, von dem alle Beteiligten profitieren. Ich versuche Perfektion nur dann an den Tag zu legen, wenn es relevant für das Ergebnis ist. Kommunikation maximal effizient zu machen ist ein weiterer Punkt. Für mich bedeutet das Walk-Call-Mail: Schnelle Klärungen auf dem kurzen Dienstweg und möglichst wenig lange E-Mail-Chats. Außerdem habe ich mir vorgenommen, jeden Tag zehn Minuten für Netzwerken zu verwenden oder einmal die Woche eine Stunde, damit das einfach nicht zu kurz kommt.

In der Partnerschaft gilt es, über zwei Dinge zu reflektieren: Erst mal klarzustellen, dass Führung in Teilzeit nicht bedeutet, dass die Karriere weniger wichtig ist, sondern ganz genauso weitergeht wie vorher auch.

Außerdem sich klar zu werden, wer welche Aufgaben übernimmt, und klare Vereinbarungen zu treffen, damit nicht der Großteil der Care-Arbeit bei demjenigen landet, der ein paar Stunden weniger im Job ist.

Über diesen QR-Code kommst du direkt zum ganzen Gespräch im Podcast!

Soll ich meine Arbeitszeiten von Anfang an einhalten?

Aber was bedeutet das jetzt für den Umgang mit den eigenen Arbeitszeiten: Soll ich als frischgebackene Teilzeitführungskraft nicht doch lieber etwas mehr Zeit investieren, um meinem Arbeitgeber und dem Team zu zeigen, dass ich voll bei der Sache bin? Schließlich ist mir mein Arbeitgeber ja dem Teilzeitmodell auch entgegengekommen, oder?

In deinen ersten Tagen und Wochen als Teilzeitführungskraft installierst du die wichtigsten Leitplanken für deinen Erfolg in der Rolle: ein disziplinierter Umgang mit deinen Arbeitszeiten hat dabei äußerste Priorität, sonst kannst du gleich wieder auf Vollzeit aufstocken. Menschen sind Gewohnheitstiere – deshalb gewöhnst du sie und dich besser von Anfang an dein Arbeitsmodell. Dazu gehört auch, dass du deine An- und Abwesenheiten offen beispielsweise über den Kalender und deine E-Mail-Signatur kommunizierst und bei Anfragen für Termine außerhalb deiner Arbeitszeiten freundlich, aber bestimmt ablehnst. Vielleicht braucht es gar kein Meeting, um einen Sachverhalt zu klären, eventuell kann der Termin ja doch zu einem anderen Zeitpunkt stattfinden, oder du kannst einen Kollegen oder eine Kollegin mit der Teilnahme beauftragen. Damit schlägst du gleich zwei Fliegen mit einer Klappe: Du sorgst für eine bessere Meetingkultur und schaffst Möglichkeiten für deine Mitarbeitenden, sich weiterzuentwickeln.

Damit wir uns nicht missverstehen – Flexibilität ist auf beiden Seiten wichtig. Das kann beispielsweise bedeuten, dass du bei Bedarf und

Möglichkeit Arbeitstage tauschst oder dir für ein Event außerhalb deiner regulären Arbeitszeiten Zeit nimmst und dafür an einem anderen Tag kürzertrittst. Was nicht passieren darf, ist, dass du regelmäßig und deutlich über die vereinbarten Arbeitsstunden hinaus arbeitest, denn dann ist dein Teilzeitmodell nicht mehr oder weniger als eine Mogelpackung. Und das bringt uns zum – zugegeben – schwierigen Thema Überstunden. 2022 arbeiteten 27,8 Prozent der Führungskräfte in Deutschland gewöhnlich mehr als 48 Stunden pro Woche, darunter deutlich mehr Männer als Frauen.[101] Zahlen aus Österreich lassen auf eine ähnliche Quote an Führungskräften, die Überstunden leisten, schließen[102], in der Schweiz hingegen ist die allgemeine Überstundenquote wesentlich geringer.[103] Hier scheinen insgesamt bessere Bedingungen für Teilzeitführungskräfte zu herrschen. Grundsätzlich stellt die Tatsache, dass auf Führungspositionen oft ein erhebliches Maß an Überstunden erwartet wird, für Teilzeitführungskräfte ein großes Problem dar – denn wie soll Teilzeit funktionieren, wo oft schon Vollzeit nicht ausreicht, um das Pensum zu schaffen?

Auf dieses Dilemma kann ich keine einfache Antwort präsentieren. Gleichzeitig gilt: Von einer Entwicklung hin zu menschlichen und vor allem auch sinnvollen Arbeitszeiten profitierst nicht nur du als Teilzeitführungskraft. Es ist wissenschaftlich erwiesen, dass Überarbeitung der führende Risikofaktor für Berufskrankheiten ist.[104] Europaweit lässt sich ein positiver Zusammenhang zwischen Produktivität und kürzeren Arbeitszeiten nachweisen.[105] Aber auch auf die Arbeitgeberattraktivität wirken sich Überstunden heute eher negativ aus. Viele gute Gründe für Unternehmen also, von diesem Konzept grundlegend Abstand zu nehmen. Und dennoch: Trotz aller negativen Folgen sind Überstunden in vielen Unternehmen immer noch kulturprägend und ein Statussymbol. Als Teilzeitführungskraft wirst du in solchen Unternehmenskulturen immer zu kämpfen haben. Bist du dennoch in so einer Organisation unterwegs, solltest du deine Arbeitsstunden im Vertrag eher großzügig ansetzen. Vielleicht gelingt es dir ja auch zu zeigen, dass Führung auch ohne massive Überstunden funktionieren und so langfristig zu einer Kulturtransformation beitragen kann. Leicht ist das sicher nicht und eher etwas für Menschen, die Lust auf eine gute Portion Herausforderung haben. Der einfachere Weg ist sicher, sich ein Umfeld zu suchen, in dem Überstunden nur in Maßen an der Tageordnung sind oder das sich bereits aktiv mit der Frage beschäftigt, wie mit Überstunden für Teilzeitführungskräfte umgegangen werden kann. Gute Lösungsansätze sind beispielsweise prozentuale Überstundenregelungen oder die Vereinbarung von fixen und flexiblen Arbeitsstunden sowie ein zeitgemäßes Führungsverständnis, wie in Kapitel »Fair hält länger – Wir müssen über Geld reden!« beschrieben.

Wer ist für das Gelingen des Modells verantwortlich?

In der Praxis erlebe ich immer wieder eine erstaunliche Naivität, wenn es um die Einführung von Teilzeitführung in Unternehmen geht. Aufseiten der Arbeitgeber, wohlgemerkt. Und bitte nicht falsch verstehen – ich bin ein großer Freund von »einfach machen« –, denn man kann die Dinge gut zerreden, bevor es überhaupt losgegangen ist. Beim Thema Teilzeitführung ist das durchaus ein beliebtes Vorgehen. Gleichzeitig zeigt die Erfahrung: Mit der Unterschrift unter den Arbeitsvertrag geht die Arbeit für beide Seiten erst los – sowohl für die Teilzeitführungskraft als auch für den Arbeitgeber. Jetzt geht es darum, das Modell zum Erfolg werden zu lassen. Denn eine gescheiterte Teilzeitführungskraft wird zum negativen Role Model – und diese Negativerfahrungen lassen sich nur mehr mühsam aus dem Gedächtnis der Organisation merzen. Ein positives Role Model kann hingegen eine starke Sogwirkung und positive Nachahmereffekte erzielen. Es ist also alles andere als egal, ob das Modell »fliegt«.

Ob Führung in Teilzeit aber gelingt, liegt nicht allein in der Hand von dir als Teilzeitführungskraft. Viele weitere Faktoren wie strukturelle Rahmenbedingungen sowie die Führungs- und Unternehmenskultur spielen dafür eine große Rolle. Ob und wie Teilzeitführungskräfte Chancen auf Beförderung und Aufstieg haben, ob wichtige Meetings zu teilzeitfreundlichen Zeiten stattfinden und welches Ansehen sie in der Organisation genießen, entzieht sich meist dem Einfluss der einzelnen Teilzeitführungskraft. Hier ist die Arbeitgeberseite gefragt. Die Einführung von Teilzeitführung ist deshalb mit einem mehr oder weniger großen Transformationsprozess verbunden. Nicht nur du musst manche Dinge anders machen, sondern es muss auch Veränderung in der Organisation stattfinden. Ein wichtiges Merkmal solcher Prozesse ist, dass sie eine Lernbereitschaft bei allen Beteiligten voraussetzen. Und das bedeutet wiederum, dass nicht alle Dinge von Anfang an optimal laufen können – denn gelernt wird aus den Dingen, die erst einmal nicht funktionieren. Das sollte allen Beteiligten klar sein.

Wenn du das Gefühlt hast, dass diese Erkenntnis bei deinem Arbeitgebenden noch nicht von Anfang an vorhanden ist, empfehle ich dir, ein aktives Erwartungsmanagement zu betreiben. Ihr habt euch gemeinsam dafür entschieden und wollt aus dem Modell nun einen Erfolg machen. Damit das gelingt, trägst du deinen Teil als Teilzeitführungskraft bei – genauso wie dein Arbeitgebender den seinen. Gleichzeitig macht ihr euch gemeinsam auf einen Weg, der von positiven, aber auch mal negativen Erfahrungen gezeichnet sein kann. Daraus gemeinsam die »richtigen« Schlüsse zu ziehen und anpassungsbereit zu bleiben, ist ein zentraler Erfolgsfaktor.

In Umfeldern, die dem Thema Teilzeitführung eher kritisch gegenüberstehen oder wenig Erfahrung mit dem Modell haben, kann es Sinn machen, Teilzeitführung im Rahmen eines Pilotprojekts zu »testen«. Gerade wenn du innerhalb des Unternehmens auf eine Teilzeitführungsrolle wechseln möchtest, kann so ein projekthaftes und zunächst zeitlich begrenztes »Experiment« Hürden auf Arbeitgeberseite abbauen. Gleichzeitig erreichst du damit, dass wichtige Stakeholder wie HR oder Betriebsrat in das Projekt einbezogen werden können und so eine gemeinsame Lernerfahrung entstehen kann, von der neben dir auch nachkommende Teilzeitführungskräfte profitieren können.

Wie kann ich als Teilzeitführungskraft meine Arbeitszeit optimal nutzen?

Teilzeitführungskräfte sind darauf angewiesen, ihre verfügbare Zeit optimal zu nutzen. Unterschiedlichste Zeitmanagement- und Produktivitätstechniken können dir dabei helfen. Ich stelle dir an dieser Stelle die Tools vor, mit denen ich gute Erfahrungen gemacht habe oder die in der Arbeit mit meinen Kund:innen auf besonders positive Resonanz stoßen. Für unabdingbar in fast allen Jobs halte ich eine gute Planung – dein Tag sollte nach Möglichkeit mit einem Termin mit dir selbst starten, bei dem du kurz innehältst und deine für heute anstehenden To-dos planst. Alternativ kannst du diesen Planungsprozess natürlich auch auf einen anderen, für dich passenden Zeitpunkt legen. Wichtig ist nur, dass er stattfindet.

Denn als Teilzeitführungskraft brauchen deine Wochen und Tage besonders viel Struktur. Bewährt haben sich dazu feste Fokuszeiten, die einem bestimmten Thema oder einer Aufgabe gewidmet sind. Im Wochenüberblick können das Zeiten sein, in denen du Erwerbsarbeit, Familie oder dich selbst in den Fokus stellst. Du kannst diese Abschnitte auch granularer gestalten und Bausteine wie Erwerbsarbeit in Unterabschnitte wie Zeiten für E-Mail-Bearbeitung, Meetings oder freie Arbeitszeiten unterteilen.

Dein Ziel dabei sollte sein, die dir verfügbare Zeit insgesamt möglichst gut über die einzelnen Lebensbereiche und Themen zu verteilen. Denn so beugst du zwei Problemen vor: Zum einen verhinderst du den ständigen Wechsel zwischen Themen, denn Kontextwechsel reduzieren deine Produktivität nachweislich. Dadurch tritt der sogenannte »Sägezahneffekt« ein, der bewirkt, dass du bei häufigen Unterbrechungen länger für die Bewältigung einer Aufgabe benötigst und somit deine Leistungsfähigkeit sinkt. Und das solltest du als Teilzeitführungskraft so gut wie möglich vermeiden. Auch wenn die Arbeit an dir selbst viel Disziplin verlangt: Es lohnt sich. Zudem ist ein weiterer Aspekt wichtig: Fokuszeiten in der Woche erzeugen bei dir eine realistische Vorstellung davon, wie viel Zeit du für einzelne Lebensbereiche oder Themen zur Verfügung hast. Denn wir überschätzen oft, was wir an einem Tag und in einer Woche schaffen können.

In der Abbildung siehst du den Wochenplan einer Teilzeitführungskraft, die ihre Zeit zwischen Arbeit, Familie und Me-Time aufteilt. Die Zeitabschnitte für Arbeit sind in Mailbearbeitung, Deep Work, Zeiten für Austausch/Termine und Networking untergliedert. Gerade das letzte Thema wird von Teilzeitführungskräften oft als Erstes gestrichen, weil es keinen unmittelbaren Impact auf die operative Arbeit hat. Doch es ist auch dein Netzwerken, das über deine zukünftige Karriere entscheidet – ob du willst oder nicht. Deshalb solltest du entsprechende Zeiten unbedingt mit einplanen, egal ob als feste Lunches einmal pro Woche und/oder als zehnminütigen täglichen Time Slot, in dem du aktiv bei LinkedIn neue Kontakte erschließt oder an bestehende anknüpfst.

Im Beispiel siehst du außerdem, dass sich auch private Zeiten mit einem Fokus versehen lassen, denn gerade im Bereich der Care-Arbeit

spielt Effizienz eine große Rolle. Vielleicht macht es Sinn, Einkäufe zu bündeln oder einen festen Block für die gemeinsame Hausarbeit einzuplanen. Im beruflichen Kontext sind Mails und Nachrichten generell neben Meetings der größte Zeitfresser. Daher solltest du die Beantwortung von nicht dringenden Nachrichten beispielsweise gleich nach der Mittagspause oder zwischen zwei Terminen in Angriff nehmen. Außerdem kann es Sinn machen, alle 1:1-Meetings oder wichtige Kundentermine auf einen langen Arbeitstag zu legen, wenn du mit deinem Partner oder deiner Partner:in in einem Wechselmodell aus langen und kurzen Tagen arbeitest.

Als Teilzeitführungskraft ist es wichtig, dein Zeitbudget insgesamt im Blick zu haben, damit langfristig die Balance zwischen den unterschiedlichen Lebensbereichen stimmt. Dieses Konzept hilft dir dabei, bei der Sache zu bleiben. Wenn du arbeitest, arbeitest du. Wenn du Zeit mit deiner Familie verbringst, deinen Vater pflegst oder in die Berge zum Wandern fährst, um den Kopf freizukriegen, tust du genau das. Wenn dein Side-Business-Tag ist oder du dich deinem Ehrenamt widmest, steht das an erster Stelle. Natürlich werden dich unvorhergesehene Dinge immer wieder mal zu einem Themenwechsel zwingen – wenn dein Chef was Dringendes will, die Kita anruft oder im Homeoffice der Heizungsableser vorbeischaut, musst du ran. Egal ob du gerade im Deep-Work-Modus bist oder nicht.

Konkret bietet sich für die Tagesplanung und Priorisierung deiner To-dos die Eisenhower-Matrix an. Mit diesem Werkzeug bewertest du anstehende Aufgaben im Hinblick auf Dringlichkeit und Wichtigkeit, deren Unterscheidung absolute Priorität für dich hat: Wichtig sind all die Dinge, die auf deine beruflichen oder persönlichen Ziele einzahlen. Sie haben vor allem langfristig eine positive Wirkung und fallen deshalb im Arbeitsalltag leicht »hinten runter«. Beispiele sind die Vorbereitung von Mitarbeitergesprächen oder die Teilnahme an Netzwerkevents. Denn es gibt immer genug gefühlt dringende Aufgaben, die deine sofortige Aufmerksamkeit erfordern. Werden dringende Aufgaben nicht rechtzeitig erledigt, drohen Konsequenzen. Ein Beispiel sind die Vorbereitung eines Kundenmeetings oder die Abgabe der Budgetplanung.

Wochen- und Tagesplanung mit der Eisenhower-Matrix

Für die Tagesplanung nutze ich seit vielen Jahren eine To-do-Liste in Kombination mit der Eisenhower-Matrix. Damit beplane ich die »freien« Arbeitszeiten meines Tages – an manchen Tagen können das mehrere Stunden sein, an anderen sind es vielleicht nur 30 Minuten. Davon abhängig landen mehr oder weniger Aufgaben in der Matrix.

- Zu Beginn der Woche überführst du die Aufgaben für die aktuelle Woche aus deiner To-do-Liste, deiner Inbox oder deinem Kalender in eine separate Liste für die Woche. Daraus bestückst du dann in der kommenden Woche deinen Tagesplan.

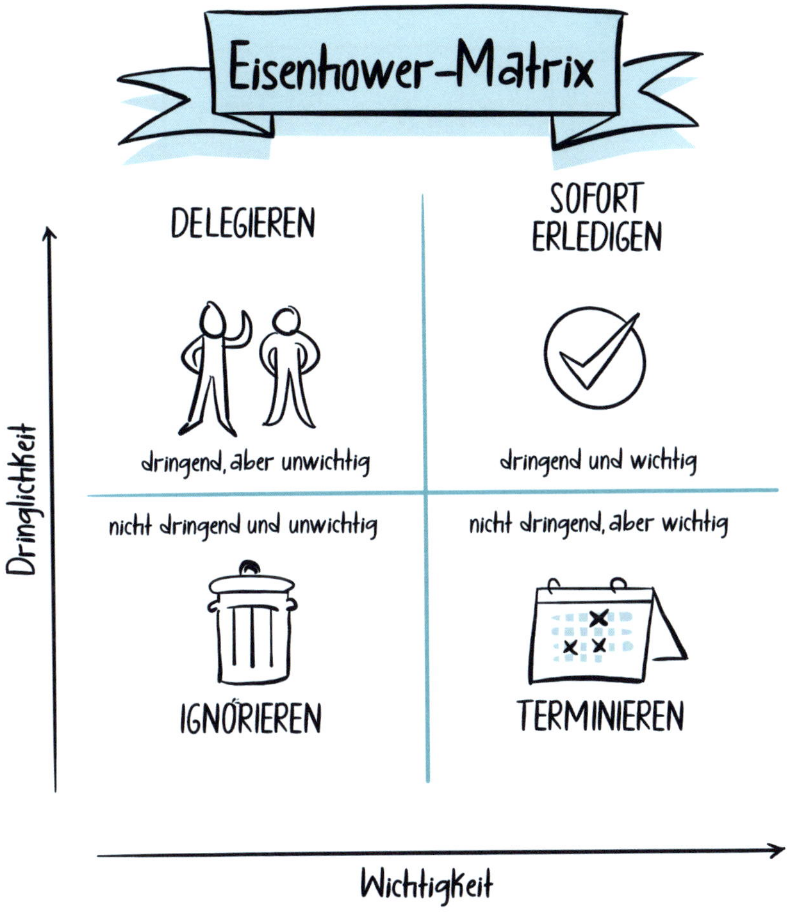

Eisenhower-Matrix

DELEGIEREN

dringend, aber unwichtig

SOFORT ERLEDIGEN

dringend und wichtig

nicht dringend und unwichtig

IGNORIEREN

nicht dringend, aber wichtig

TERMINIEREN

Dringlichkeit

Wichtigkeit

- Zu Beginn deines Arbeitstages überträgst du mit Blick auf die zur Verfügung stehende freie (!) Arbeitszeit Aufgaben aus der Wochen-To-do-Liste in die Matrix. Du beginnst mit den Aufgaben rechts oben im Feld »Sofort erledigen«, Aufgaben im Feld »Delegieren« verteilst du nach Möglichkeit im Team. Themen im Feld »Terminieren« planst du dir am besten gleich in deinen Kalender ein – zum Beispiel in einen deiner Deep-Work-Blöcke.
- Am Ende deines Arbeitstages überführst du offene Aufgaben zurück in die Wochenliste oder machst gleich die Planung für den kommenden Arbeitstag.

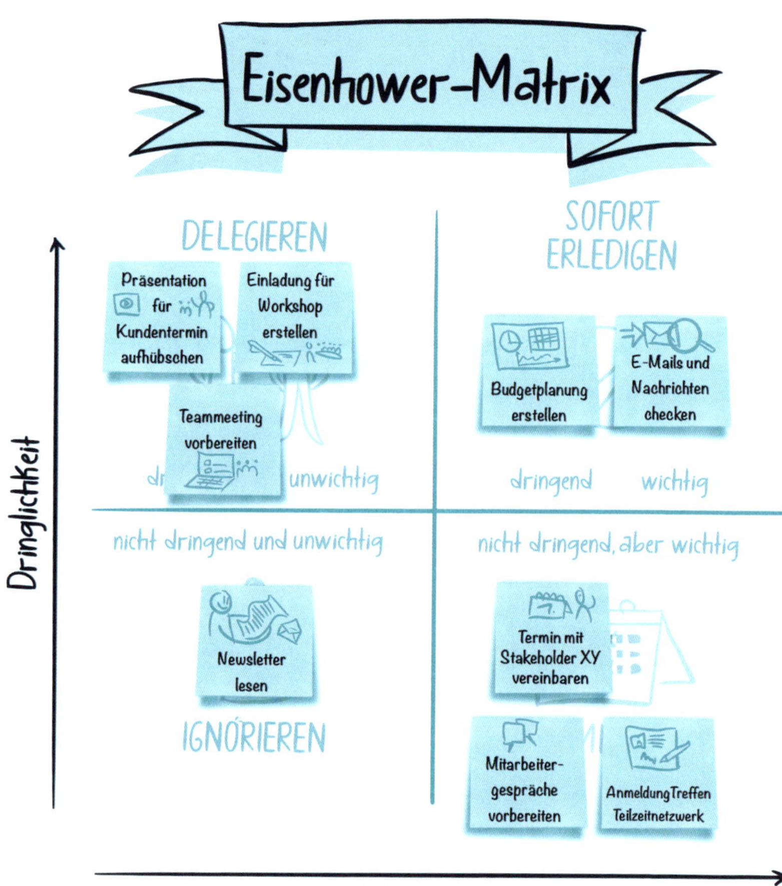

Tipp: Es werden in deiner Rolle als Führungskraft immer auch ungeplante Aufgaben im Laufe einer Woche dazukommen – je nach Job und Arbeitsumfeld kann dieser Anteil stark variieren. Plane dafür Blocker in deinen Wochenplan ein und nimm dazugekommene Aufgaben in deine To-do-Liste auf. Oder du lässt bei der Tagesplanung noch Luft für unplanbare Arbeit.

Wenn du dieses Vorgehen eine Zeit lang praktizierst, wirst du vielleicht merken, dass du besser einzuschätzen lernst, was du an einem Tag und in einer Woche bewältigen kannst. Damit wirkst du dem Gefühl entgegen, nicht genug zu schaffen, und sorgst für viele kleine Erfolgserlebnisse, die dich in deinem Selbstwertgefühl stärken.

Wie kann man als Teilzeitführungskraft ein gutes Verhältnis zu den Mitarbeitenden aufbauen und aufrechterhalten?

Neben einer guten individuellen Arbeitsorganisation ist für deinen Erfolg als Teilzeitführungskraft das Verhältnis zu deinem Team entscheidend. Ein angemessenes Delegationsverhalten und eine gute Kommunikation tragen viel dazu bei, dass du mit deinen Mitarbeitenden in Kontakt kommst und bleibst. Aber auch der Kontakt über den Job hinaus ist für viele Menschen wichtig und sorgt dafür, dass du deine Mitarbeiter:innen besser kennenlernst. Viele schätzen die Frage nach Hobbys oder der Familie. Andere hingegen legen Wert darauf, dass du dich für ihre Aufgaben und Arbeitsergebnisse interessierst und dich regelmäßig damit beschäftigst. Wieder andere brauchen keines von beidem, sondern sind mit einem wertschätzenden Feedback zufrieden. Ein wöchentliches 1:1-Gespräch kann dafür der richtige Weg sein, muss es aber nicht. Gerade bei größeren Teams frisst diese Kommunikation schnell einen Großteil deiner Arbeitszeit.

Für essenziell halte ich es hingegen, ausreichend Zeiten für den informellen Austausch mit deinem Team einzuplanen. Möglich ist hier abhängig von eurem Arbeitsmodus vieles – manche Teams kochen einmal pro Woche mittags miteinander, andere haben eine tägliche fixe Kaffeepause, und wieder andere treffen sich einmal im Quartal zu gemeinsamen Workathon. Ich nutze hier übrigens sehr bewusst das Wort »einplanen« – denn der Alltag der meisten Teilzeitführungskräfte ist getaktet, und was nicht auf der Agenda steht, findet auch nicht statt.

Gerade in der Kombination aus Teilzeitarbeit und Homeoffice im Team kann es herausfordernd sein, den Kontakt untereinander zu halten, wenn es keine festen Ankerpunkte gibt, zu denen alle zusammenkommen und sich Zeit füreinander nehmen. Eine Möglichkeit, dem entgegenzuwirken, kann beispielsweise ein fester Office-Tag sein, an dem das Teammeeting sowie ein gemeinsames Mittagessen auf dem Programm stehen. Für andere Teams ist vielleicht ein monatlicher Teamtag oder ein mehrtägiges Teamevent alle paar Monate der richtige Weg. Was für euch und eurer Art zu arbeiten passend ist, darüber solltest du dir gemeinsam mit deinem Team Gedanken machen. Dabei gilt immer: Eure Zusammenarbeit im Team und die dazugehörigen Regeln und Prinzipen dürfen sich weiterentwickeln.

Eine weitere Möglichkeit, um miteinander in Kontakt zu kommen und zu bleiben, sind Check-ins bei euren gemeinsamen Meetings. Als Check-in bezeichnet man ein bis drei Fragen, die zu Beginn eines Meetings an alle Teilnehmenden gestellt und in der Regel nacheinander beantwortet werden. Die Anzahl der Fragen und die Art ihrer Beantwortung richtet sich nach der Länge des Meetings – bei einem halbtägigen Workshop darf der Check-in ruhig 15 bis 20 Minuten dauern, bei einem einstündigen Meeting wären fünf bis maximal zehn Minuten angebracht. Wichtig dabei sind klare Regeln, wie lange eine Antwort sein darf.

Effekt dieses gemeinsamen Eincheckens und Ankommens ist, dass jede:r die Gelegenheit hat, seine Stimmung zu teilen und wichtige – auch persönliche – Themen anzusprechen. Denn wenn ich weiß, dass der Kollege gerade Stress mit seinen Kindern hat oder der Hund der Kollegin krank ist, kann ich das Verhalten dieser Person genauer einordnen und bekomme so als Führungskraft ein besseres Gefühl für meine Mitarbeitenden.

All das sind wichtige Informationen, um als Team im Kontakt zu bleiben. Über die ausgewählten Fragen kann der oder die Moderator:in dabei gut steuern, wie tief oder auch lustig der Einstieg sein soll. Von »Worüber hast du dich heute schon gefreut?« über »Tee oder Kaffee?« bis hin zu »Was würdest du jetzt lieber tun, als diese Check-in-Frage zu beantworten?« ist da alles drin. Wenn du im Rahmen eines Check-ins bemerkst, dass ein Mitarbeiter nicht gut drauf ist oder eine Mitarbeiterin wütend wirkt, kannst du das als Aufhänger nutzen, um den- oder diejenige nach dem Termin zu fragen, ob alles in Ordnung ist oder Unterstützung gebraucht wird.

Team-Check-in

Bereite vor jeden Teammeeting ein bis drei kurze Check-in-Fragen vor. Dabei sind der Fantasie keine Grenzen gesetzt – wichtig ist, dass du im Blick behältst, was du mit den Fragen erreichen möchtest: Geht es darum, dass sich die Teammitglieder besser kennenlernen? Möchtest du wissen, wie es deinen Mitarbeitenden heute geht? Oder möchtest du mit einem Icebreaker einfach nur etwas Spaß und Entspannung in die Runde bringen? [106]

Damit das Format kurz bleibt und nicht nervt, sind klare Regeln und deren Einhaltung wichtig. Als Moderator:in sorgst du dafür, dass im Check-in nicht diskutiert oder auf Beiträge geantwortet wird und jede:r die vereinbarte Redezeit einhält.

- Als Moderator:in präsentierst du zu Beginn des Meetings deine Check-in-Frage(n) und erklärst bei Bedarf die Regeln.
- Danach beantwortet jeder und jede im Team nacheinander die Fragen. Anschließend steigt ihr in die Agenda des Meetings ein.

Tipp: In größeren Gruppen kann die sequenzielle Beantwortung der Fragen durch alle Teilnehmenden durch eine Antwort im Chat bei digitalen Meetings, ein Emoji oder eine Geste ersetzt werden. Im Raum könnten Teilnehmerinnen auch aufstehen oder sich bewegen.

Generell spielt für ein gutes Miteinander Kommunikation eine zentrale Rolle. Denn Führung in Teilzeit ist Teamwork. Besonders wichtig finde ich, dass Mitarbeitende das Gefühl haben, dass du für sie ansprechbar bist – nicht nur für fachliche Fragen. Bei einem vollen Kalender ist das in Teilzeit durchaus eine Herausforderung. Eine regelmäßige »Sprechstunde«, zu der du für Gespräche immer verfügbar bist, kann ein gutes Auffangbecken für die spontanen Anliegen sein. Damit das auch klappt und beide Seiten davon profitieren, muss dieser Termin fester Bestandteil deines Wochenplans sein. Mit einer »Sprechstunde« sendest du in Richtung deines Teams ein gutes Signal hinsichtlich deiner Verfügbarkeit und

Bereitschaft zum Gespräch. Und wenn mal kein Bedarf ist, hast du eine Stunde freie Arbeitszeit gewonnen.

Ansprechbarkeit ist wichtig – so viel ist klar. Gleichzeitig neigen viele Führungskräfte dazu, Mitarbeitenden nahtlos mit Rat und Tat zur Seite zu stehen. Dass das nicht nur positiv für die Mitarbeiter:innen ist und auch für die Teilzeitführungskraft zum Problem werden kann, beschreibt Dr. Maria Bergler im Interview.

Mit Maria Bergler habe ich über ihre Erfahrungen als Teilzeitführungskraft und Personalleiterin gesprochen. Sie berichtet, welche Kommunikationsprobleme sie häufig bei Teilzeitführungskräften beobachtet und welche Tipps helfen können.

Johanna: Was ist in Bezug auf das Thema Kommunikation aus deiner Erfahrung heraus für Teilzeitführungskräfte besonders wichtig?
Maria: Ich habe oft erlebt, dass sich Teilzeitführungskräfte mit einem schlechten Gewissen plagen. Sie denken, dass sie aufgrund ihrer verkürzten Arbeitszeiten nicht so für ihre Mitarbeitenden da sein können wie Führungskräfte in Vollzeit. Deswegen versuchen sie, ihren Mitarbeitenden mit Rat und Tat zu beweisen, dass sie sich kümmern. Dadurch entsteht aber ein Teufelskreis, der schlussendlich negative Effekte für die Mitarbeitenden und die Teilzeitführungskraft hat.

Denn mit ihrem Verhalten unterstellen sie dem Gegenüber, dass sie ihm oder ihr den Job allein nicht zutrauen. Das führt langfristig dazu, dass Mitarbeitende immer wieder auf die Führungskraft zugehen, weil sie von ihrem Ratschlag abhängig werden. Aus einer ursprünglich guten Intention entsteht so ein Abhängigkeitsverhältnis, das dann oft dazu führt, dass die Führungskraft immer mehr und mehr gebraucht wird und gleichzeitig immer mehr das Gefühl bekommt, dass sie ihrer Rolle nicht gerecht werden kann.
Johanna: Welche Tipps können dabei helfen, diesen Teufelskreis zu durchbrechen?
Maria: Dazu muss ich meinen Mitarbeitenden als Führungskraft beweisen, dass ich ihnen vertraue. Gleichzeitig bedeutet das nicht, dass ich einfach

Aufgaben delegiere und hoffe, dass das irgendwie von allein funktioniert. Als Führungskraft muss ich diesen Prozess begleiten und da sein – aber eben nicht mehr mit Rat und Tat, sondern mit einer fragenden Haltung. Wenn mir diese Veränderung schwerfällt, kann ich mit einer kleinen Aufgabe beginnen, indem ich die neue Verhaltensweise ausprobiere. Ich kann beispielsweise bewusst aus einem Meeting rausgehen oder ein Dokument nicht vorher noch mal gegenlesen, bevor es rausgeht. Und dann aus dieser neuen Erfahrung lernen.

Eine weitere Möglichkeit ist es, einen bewussten Perspektivwechsel zu machen und mich zu fragen: »Wenn ich jetzt in der Rolle dieser Mitarbeiter wäre, was würde ich mir wünschen?« Wenn ein Mitarbeiter zu mir kommt, kann ich erst mal fragen: »Wie kann ich dir helfen?«, anstatt sofort dem Impuls zu folgen, einen Rat zu geben. Dieser kleine Satz hat oft schon eine große Wirkung.

Die Tipps und Tools zu dieser Frage gelten natürlich genauso für eine Führungskraft in Vollzeit. Denn Menschen bleiben Menschen – egal ob sie 20, 30 oder 40 Stunden arbeiten.

Wie kann man als Teilzeitführungskraft sicherstellen, dass man trotz reduzierter Arbeitszeit auf dem neuesten Stand bleibt?

Über die Rolle von KI und Produktivitätstechniken – denn reibungslos laufende Prozesse und digitale Helfer sind für dich als Teilzeitkraft essenziell – habe ich im Kapitel »Was hat Führung in Teilzeit mit New Work zu tun?« in Teil II des Buches schon einiges geschrieben. Für mich haben sich vor allem digitale Notizen zu allen Terminen und Gesprächen bewährt. Wenn du im Tandem arbeitest, ist diese Form der Dokumentation sowieso Pflicht, damit der oder die andere an deine Arbeit andocken kann. Das gilt natürlich auch für die Ablage von Dokumenten oder den Zugriff auf wichtige Nachrichten. Auch im Vertretermodell ist diese Art zu arbeiten wichtig. Tools wie MS Teams oder Slack leisten hier gute

Dienste – Transparenz ist King. Und das gilt nicht nur für dich, sondern auch für deine Mitarbeitenden. Denn wenn klar ist, wo Informationen aufzufinden sind, entsteht Freiraum. Und der ermöglicht dir vor allem eInes: Mut zur Lücke!

Das Leben als Teilzeitführungskraft kann schnell zum ständigen Kampf werden, bei allen Themen auf dem neuesten Stand zu bleiben. Technik und KI können dich dabei unterstützen. Trotzdem glaube ich, dass deine Haltung an dieser Stelle eine andere sein darf: Es ist nicht dein Job als Führungskraft, immer alle Themen im Blick und Antworten auf alle Fragen sofort parat zu haben. Wichtig ist, dass du weißt, wo diese Antworten zu finden sind. Gleichzeitig sendest du mit dieser Einstellung ein positives Signal in Richtung deines Teams – nämlich, dass du ihm vertraust und dich auf deine Kolleg:innen verlässt. Und das hat viele positive Effekte, wie wir in Kapitel »Führen in Teilzeit, aber richtig – Was hat Führung in Teilzeit mit New Work zu tun?« gesehen haben.

Nehmen wir folgendes Beispiel: Dein Chef fragt dich im Teammeeting, wie es um ein bestimmtes Projekt steht. Du weißt natürlich, dass ihr im Team das Thema bearbeitet, bist aber gerade nicht auf dem neuesten Stand. In Panik auszubrechen und deinem Chef mit einem »Weiß ich nicht, tut mir leid« zu antworten, ist nicht optimal und vermittelt den Eindruck, dass dir der Überblick fehlt. Klüger ist es, souverän mit einem »Das Projekt bearbeitet Person X im Team, bis wann brauchst du eine Rückmeldung? Dann kümmere ich mich darum« zu antworten und so gleich zwei Botschaften auf einmal zu senden: Ich habe das hier im Griff, und ich kann mich auf mein Team verlassen. Damit diese Strategie in der Praxis funktioniert, braucht ihr eine gute Dokumentation über alle Themen und Projekte, sodass du auch unabhängig von der Anwesenheit deiner Mitarbeitenden auskunftsfähig bist.

Falls du dich jetzt fragst, ob dein Chef oder deine Chefin mit dieser Antwort zufrieden sein wird: Die gegenseitigen Erwartungen aneinander zu klären ist ein wichtiger Schritt auf deinem Weg zur erfolgreichen Teilzeitführungskraft. Das beginnt bereits im Vorstellungsgespräch mit Fragen wie »Was macht in Ihren Augen eine gute Führungskraft aus?« und geht in den ersten Wochen in regelmäßige Gespräche mit deiner Führungskraft über. Denn dann weißt du, was dein:e Vorgesetzte:r von dir erwartet und was nicht. Und dein:e Chef:in weiß, was sie von dir erwarten kann. Natürlich kannst du diese Rahmenbedingungen nicht einseitig festlegen, sondern gehst mit Vorschlägen und Ideen in die Diskussion. In der Regel ist dein:e Vorgesetzte:r ja auch am Erfolg deines Arbeitsmodells interessiert und wird versuchen, dich auf deinem Weg zu erfolgreichen Teilzeitführungskraft zu unterstützen.

#1 Für deinen Erfolg als Teilzeitführungskraft ist es wichtig, auch Forderungen stellen zu dürfen und von Anfang an klar zu formulieren, was du brauchst.

#2 Deine Arbeitszeiten von Anfang an einzuhalten und Flexibilität zu zeigen, widerspricht sich nicht, sondern ist ein wichtiger Erfolgsfaktor.

#3 Eine gute Planung und Struktur sind für deine individuelle Effizienz essenziell – gleichzeitig sorgst du damit jeden Tag für kleine Erfolgserlebnisse.

#4 Eine gute Beziehung zu deinen Mitarbeitenden definiert sich darüber, wie gut ihr übereinander Bescheid wisst, und bemisst sich nicht allein an der Zeit, die du dafür zur Verfügung hast.

#5 Moderne Kommunikations- und Produktivitätstools helfen dir dabei, auf dem Laufenden zu bleiben – gleichzeitig musst du nicht immer alles wissen.

5 Bloß nicht durchdrehen – Was tun, wenn mal wieder alles zu viel ist?

Wie kann ich mich entspannen, wenn ich nicht viel Zeit habe?

Du hast in den vergangenen Kapiteln erfahren, wie du deine Rolle als Teilzeitführungskraft bestmöglich gestalten kannst und was es braucht, damit das Modell funktionieren kann. Aber auch wenn dein Operating Model wasserdicht erscheint und du auch privat gut aufgestellt bist – der Punkt, an dem alles zu viel ist, kann trotzdem kommen. Das Kind ist krank, dir geht es selbst nicht gut, eine wichtige Mitarbeiterin hat gekündigt, und/oder ein Projekt läuft nicht wie geplant. Es kann immer wieder Momente geben, in denen du dich fragst, ob du den richtigen Weg eingeschlagen hast. Sich hin und wieder auf einen einfacheren oder anderen Pfad zu wünschen ist völlig normal. Ich kenne dieses Gefühl aus eigener Erfahrung nur zu gut. Der Knackpunkt liegt jedoch in der Art und Weise, wie du damit umgehst. In diesem Kapitel gebe ich dir deshalb einige Strategien und Tools an die Hand, die dir dabei helfen können, den Druck zu reduzieren und in eine lösungsorientierte Haltung zurückzufinden.

Zunächst ist es wichtig, dass du für dich erkennst, wenn dir alles zu viel wird und du eine Pause brauchst. Bemerkst du für dich rechtzeitig, dass dein Stresslevel zu hoch ist, kannst du das Hamsterrad anhalten und wieder ans Steuer deines Lebens klettern. Raus aus der Fremdbestimmtheit, rein in eine proaktive Haltung und die Überzeugung, dass alles gut wird. Dauerstress hat negative Auswirkungen auf den Körper, wie zum Beispiel Kopfschmerzen, Verspannungen, Verdauungs- und Schlafstörungen – er kann physisch oder psychisch krank machen. Manche Menschen werden bei Stress laut, andere ziehen sich in sich zurück, wieder andere reagieren mit Niedergeschlagenheit oder Missmut. Für fast die Hälfte aller Menschen ist die Arbeit Stressursache Nummer 1, dicht gefolgt von hohen Ansprüchen an sich selbst. Bei Frauen spielt die Doppelbelastung aus Familie und Beruf oft eine große Rolle, Männer leiden eher unter ihrem Job.[107]

Als erste und einfachste Maßnahme möchte ich dir diese kleine Atemübung an die Hand geben, um dich kurz zu entspannen. Denn das ist oft der erste Schritt, um sich wieder zu spüren und überlegen zu können, wie es weitergehen kann. Im Akutfall sind aber auch andere Entspannungstechniken wie Yoga oder ein Spaziergang eine gute Wahl.

Den Atem verlängern[108]

Mit dieser Übung kannst du deinem Nervensystem das Signal senden, dass aktuell kein Grund zur Alarmbereitschaft besteht, auch wenn es gerade davon überzeugt ist. Du kannst diese Übung fast überall und in vielen Situationen durchführen – beispielsweise am Schreibtisch, vor der Eingangstür des Kindergartens oder im geparkten Auto.

1. Schließe deine Augen.
2. Einatmen, dabei langsam innerlich bis vier zählen und den Bauch größer werden lassen.
3. Ausatmen, langsam bis sieben zählen und den Brustkorb leeren. Führe die Übung so lange fort, wie es sich gut für dich anfühlt.

Um einen nachhaltigen Effekt zu erzielen, solltest du eine dieser Techniken zur Gewohnheit werden lassen und regelmäßig in deinen Alltag einbauen. Ich weiß, das klingt einfacher als gesagt. Vielleicht hilft dir ja die Idee der 1%-Methode von James Clear.[109] Der Autor erklärt in seinem Buch mit dem gleichnamigen Titel, wie du durch minimale Veränderungen maximale Wirkung erzielen und so deine Ziele erreichen kannst. Clear rät dazu, sich zu fragen, welcher Mensch man sein will, und dann in kleinen Schritten durch die Etablierung neuer Gewohnheiten auf die neue Identität hinzuarbeiten. Das kann mithilfe solcher Techniken wunderbar allein klappen. Aber auch Coachingunterstützung kann in solchen Fällen sehr hilfreich sein – denn du musst nicht immer alles allein schaffen.

Was tun, wenn ich nur noch die Probleme sehe?

Trotzdem kann es vorkommen, dass dir deine lösungsorientierte und positive Haltung mal abhandenkommt. Ein simples Tool, um wieder ins proaktive Denken und Handeln zu kommen, ist der *Circle of Influence* von Stephen Covey.[110] Dieses Modell beschreibt die Auswirkungen von proaktiven und reaktiven Denkmustern auf unser Denken und sagt im Prinzip aus, dass wir uns möglichst viel mit Dingen beschäftigen sollten, die wir aktiv beeinflussen können. Dazu gehört beispielsweise die Art und Weise, wie du mit deinem Team umgehst, deine Arbeit organisierst oder auch dein Konsumverhalten. Durch diesen positiven Fokus entsteht ein Gefühl von Selbstwirksamkeit. Darunter versteht man das Vertrauen in sich selbst, auch schwierige Situationen aus eigener Kraft heraus gut meistern zu können. Wer Selbstwirksamkeit empfindet, setzt sich realistische und ambitionierte Ziele, hat eine gute Ausdauer bei der Arbeit auf diese Ziele hin und lässt sich auch bei Misserfolgen nicht aufhalten.[111] Selbstwirksamkeit steigert außerdem die Resilienz, also unsere Widerstandskraft gegenüber den Unwägbarkeiten des Lebens. Und da gibt es als Teilzeitführungskraft so einige.

Aber zurück zum Circle of Influence: In Momenten, in denen wir unter Stress stehen, haben wir oft einen stark reaktiven Fokus auf all die Dinge, die uns betreffen, die wir aber nicht direkt beeinflussen können. In diesem sogenannten *Circle of Concern* finden sich beispielsweise das Verhalten deines Chefs oder deiner Chefin, die Kita-Schließung wegen Personalmangels oder der Klimawandel wieder. Diese Gedanken im Negativen und an das Negative erzeugen ein Gefühl von Hilflosigkeit.

Je mehr wir uns darauf fokussieren und uns bei anderen darüber beklagen, desto hilfloser fühlen wir uns. Deshalb ist es in solchen Momenten so wichtig, den Spieß umzudrehen und wieder in eine proaktive Haltung zu kommen. Denn spannenderweise hat das gleich einen doppelt positiven Effekt – durch den Fokus auf das, was wir beeinflussen können, können wir Lösungen entwickeln, und gleichzeitig verstärken wir durch die Erfahrung, etwas proaktiv zu verändern, unser Gefühl von Selbstwirksamkeit. Unser Circle of Influence wächst.

Lass deinen Circle of Influence wachsen

Mit diesem Tool erweiterst du deinen Circle of Influence und kommst zurück in eine proaktive Haltung.

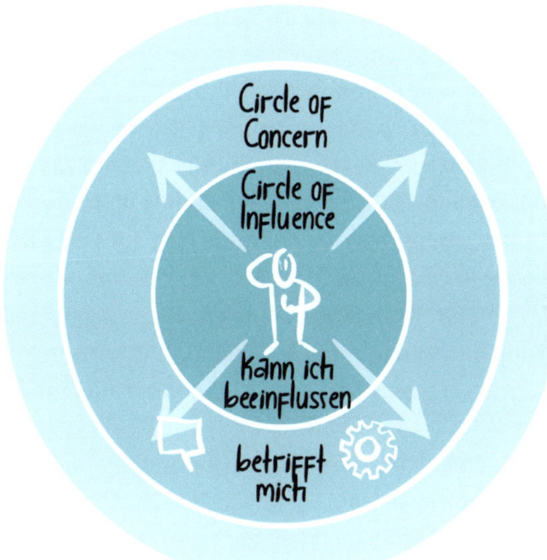

1. Zeichne auf ein Blatt zwei ineinander übergehende Kreise oder nutze eine Vorlage.
2. Beantworte dann für dich folgende Fragen:
- Für welche Themen investierst du momentan am meisten Zeit? In welchem der beiden Kreise liegen diese?
- Welche Themen kosten dich gerade am meisten Energie? In welchem der beiden Kreise liegen diese?
3. Reflektiere für dich:
- In welchem der beiden Kreise liegen die meisten deiner Themen? Was schließt du daraus?
- Wenn viele Themen im äußeren Kreis liegen (Circle of Concern): Was kannst du tun, um deinen Fokus zurück auf den Circle of Influence zu verschieben?

Was tun, wenn die Arbeit einfach zu viel ist?

Du bist vielleicht schon vor einiger Zeit als Teilzeitführungskraft gestartet oder ganz neu in der Rolle und merkst: Es ist einfach viel zu viel. In diesem Fall empfehle ich dir zunächst, dein Operating Model noch mal genau unter die Lupe zu nehmen. Dein Ziel muss sein, deinen Workload so weit zu reduzieren, dass du langfristig in der Rolle als Teilzeitführungskraft erfolgreich sein kannst. Denn wie so vieles ist auch das (Arbeits-) Leben ein Marathon und kein Sprint.

Wie das gehen kann, hängt stark an deinem individuellen Arbeitsmodell; eventuell wird vielleicht sogar ein Wechsel des Modells nötig. Als Teilzeitführungskraft im Effizienzmodell könntest du beispielsweise in ein Vertretermodell wechseln – als Führungskraft im Co-Leadership könnt ihr Aufgaben untereinander anders verteilen oder an eurer Zusammenarbeit feilen. Auch eine Weiterentwicklung in Richtung Shared Leadership kann eine Lösung darstellen. All das ist kein Beinbruch und keine Niederlage – schlecht wäre es, wenn du das Problem erkennen und nicht darauf reagieren würdest.

Dein Operating Model wird dir auch hier auf unterschiedlichste Art und Weise gute Dienste leisten – zunächst kannst du/könnt ihr es dazu nutzen, dein/euer Arbeitsmodell zu reflektieren und Anpassungen vorzunehmen. Im zweiten Schritt kann es dich/euch aber auch dabei unterstützen, die Anpassungen zu diskutieren oder zu kommunizieren – beispielsweise mit dem oder der Vorgesetzten oder mit dem Team.

Dein Operating Model reflektieren

Mit diesem kleinen Tool reflektierst du dein Operating Model als Teilzeitführungskraft. Du kannst die Übung für dich allein, gemeinsam mit deinem Team oder auch deinem oder deiner Tandem-Partner:in machen.

Vorgehen:

1. Zunächst beantwortest du die folgenden drei Fragen für dich:
- Was läuft schon gut?
- Was ist immer wieder schwierig?
- Was möchtest du gern verändern?

2. Im nächsten Schritt pickst du dir einen Punkt unter »Was möchte ich gern verändern?« heraus und überlegst dir, wie ein Lösungsansatz und ein erster Schritt in diese Richtung aussehen könnte.

Tipp: Wenn du die Übung gemeinsam mit einem Partner machst, notiert zunächst jede:r für sich die Antworten, anschließend stellt ihr euch die Antworten gegenseitig vor. Die nächsten Schritte vereinbart ihr gemeinsam.

Bei der Umverteilung von Aufgaben oder Rollen auf andere Personen muss immer darauf geachtet werden, dass an dieser Stelle entsprechende Kapazitäten zur Verfügung stehen und der- oder diejenige die Aufgabe auch übernehmen möchte. Sonst machst du dich schnell unbeliebt. Bei der Umverteilung ins Team bedeutet das meist, dass entweder zusätzliche Ressourcen aufgebaut oder andere Aufgaben aufgegeben oder effizienter erledigt werden müssen.

An dieser Stelle wird mal wieder klar: Führung in Teilzeit ist an vielen Stellen ein Prozess und eine Reise, auf die du dich mit deinem Team, deinem Unternehmen begeben hast. Gemeinsam erkundet ihr neues Terrain und sammelt Erfahrungen. Und dazu gehört eben auch, Umwege in Kauf zu nehmen oder den eingeschlagenen Weg zu hinterfragen, wenn er nicht zum Ziel zu führen scheint. Das alles gehört dazu und ist keinesfalls mit einem Scheitern des Modells gleichzusetzen.

Gleichzeitig kann es auch sein, dass du merkst, dass du selbst mit diesen Tipps nicht weiterkommst. Vielleicht gelingt es dir nicht, den Knoten in deinem Kopf aufzulösen und wieder in eine proaktive Haltung zu kommen. Oder du bist über längere Zeit unruhig und unkonzentriert und findest nicht in deine Souveränität zurück. Sollte das der Fall sein, möchte ich dich motivieren, dir Hilfe zu suchen – denk daran, du musst nicht alles allein schaffen. Manche Unternehmen bieten ihren Mitarbeiter:innen an, beispielsweise Coaching in Anspruch zu nehmen. In anderen stehen interne Beratungen zur Verfügung. Ist das alles nicht möglich, rate ich dir, die Sache selbst in die Hand zu nehmen und dir auf eigene Faust eine für dich passende Unterstützung zu organisieren.

Hilfe finden

Folgende Wege stehen dir auf der Suche nach Hilfe oder Unterstützung offen:

- Freund:innen/Familie: Teile deine Gedanken mit den Menschen in deinem Umfeld. Sprich darüber, wie du dich gerade fühlst und wie die Person dich vielleicht unterstützen kann.
- Arbeitgeber: Mach dich über Unterstützungsangebote in deinem Unternehmen schlau. In größeren Unternehmen werden entsprechende Möglichkeiten über das Betriebliche Gesundheitsmanagement oder den HR-Bereich zur Verfügung gestellt. Aber auch kleinere Organisationen können beispielsweise durch ein vom Arbeitgeber bezahltes Coaching phasenweise unterstützen.
- Krankenkassen: Viele Krankenkassen bieten umfangreiche Informationsangebote zum Thema Stress an. Hier kannst du dich informieren, dich aber beispielsweise auch bei der Suche nach einem Therapeuten oder einer Therapeutin unterstützen lassen.
- Selbsthilfegruppen: Beispielsweise für pflegende Angehörige, Menschen mit chronischen Krankheiten oder (ehemalige) Burnout-Patient:innen gibt es Selbsthilfegruppen, die den Austausch mit Gleichgesinnten ermöglichen.

Natürlich steht es dir frei, die Führungsrolle auch wieder abzugeben, wenn sie für dich nicht funktioniert. Mach dir bitte bewusst, dass ein solcher Kurswechsel nicht bedeutet, dass du klein beigibst oder dein ›Gesicht verliert‹. Rechtzeitig die Reißleine zu ziehen, wenn du merkst, dass dein Modell unter den gegebenen Rahmenbedingungen nicht funktionieren kann und du kein Set-up schaffen konntest, das für alle funktioniert, bedeutet nichts anderes, als Verantwortung zu übernehmen. Und zwar für dich und dein Team. Gleichzeitig kannst du aus so einer Situation auch viel mitnehmen. Mit etwas Abstand wird es dir gelingen, in einem vermeintlichen Scheitern oft auch viel Gutes zu sehen. Denn sicherlich hast du aus der Situation etwas gelernt und weißt, was du beim nächsten Mal anders machen wirst.

#1 Im Ernstfall gilt: Erst mal raus aus dem Hamsterrad und wieder Raum und Zeit zum Nachdenken schaffen.

#2 Manchmal hilft schon eine kurze Selbstreflektion, um den Fokus neu zu setzen und so in einen proaktiven Arbeitsmodus zurückzufinden.

#3 Wenn der Workload dauerhaft zu hoch ist, solltest du zuerst dein Operating Model unter die Lupe nehmen und hier nach neuen Ansätzen suchen.

6 Das nimmst du mit! – Meine Top Tipps in der Zusammenfassung

Wenn du dieses Buch bis hierher gelesen hast, hast du hoffentlich schon eine ganze Menge an Wissen für deine Arbeit als Teilzeitführungskraft mitgenommen. Ich habe beschrieben, welche Rolle Teilzeitmodelle für unsere Gesellschaft in Zukunft spielen werden und warum Teilzeit ein wichtiges Instrument gehen den Fachkräftemangel ist. Du hast viel darüber erfahren, wie ich mit der Rolle umgegangen bin und welche Tools und Techniken mir geholfen haben. An vielen weiteren Beispielen wurde dargestellt, wie Führung in Teilzeit in der Praxis funktionieren kann.

Dieses Buch ist somit weit mehr als die Sammlung persönlicher Erfahrungen – in diesem Buch stecken das Wissen und die Intelligenz all meiner Podcast-Interviewpartner:innen aus den letzten drei Jahren. Direkt eingeflossen sind nur einige wenige Ausschnitte aus den Gesprächen – aber das, was ich hier niedergeschrieben habe, ist durch jedes einzelne Gespräch beeinflusst, das ich geführt habe.

Im Laufe der Zeit ist mir aufgefallen, dass sich bestimmte Punkte immer wieder wiederholt haben und von unterschiedlichen Personen in verschiedensten Kontexten genannt wurden. Ich glaube nicht, dass es eine einfache Formel gibt, die zum sicheren Erfolg als Teilzeitführungskraft führt – dafür ist das Konstrukt zu komplex. Und dennoch scheint es bestimmte Verhaltensweisen und Faktoren zu geben, die positiven Einfluss auf die Erfolgschancen des Modells haben. Diese Punkte habe ich zum Abschluss für dich noch mal zusammengefasst.

Meine Topp-Tipps für dich als Teilzeitführungskraft

- **Gehaltsverhandlung:** Du gehst an die Gehaltsverhandlungen mit einer klaren Vorstellung ran – entscheidend für eine faire Vergütung ist nicht die Zeit, die du aufwendest, sondern die Leistung, die du bringst. Flexible Gehaltsbestandteile oder Zusatzleistungen sind oft eine gute Verhandlungsmasse (→ Kapitel »Fair hält länger – Wir müssen über Geld reden!«).
- **Erwartungsmanagement:** Mit deiner Unterschrift unter dem Arbeitsvertrag geht die Arbeit erst los. Durch geschicktes Erwartungsmanagement ist deinem Arbeitgeber klar, dass das der erste Schritt zu erfolgreicher Teilzeitführung war und für den Erfolg des Modells Arbeitnehmer- und Arbeitgeberseite gleichermaßen verantwortlich sind (→ Kapitel »Jetzt wird's ernst – Die ersten 100 Tage als Führungskraft in Teilzeit«).
- **Teilzeitmodell:** Über die Wahl des passenden Teilzeitmodells sorgst du dafür, dass Arbeitsvolumen und Arbeitszeit zueinanderpassen. Denn du weißt, dass das für deinen Erfolg auf lange Sicht entscheidend ist. Das Leben als Teilzeitführungskraft ist ein Marathon, kein Sprint (→ Kapitel »Alles über Jobsharing, vollzeitnahe Teilzeit und Co. – Unterschiedliche Teilzeitmodelle für Führungskräfte«).
- **Arbeitszeiten:** Du kommunizierst deine Arbeitszeiten von Anfang an transparent und hältst diese in der Regel ein. Dazu blockst du deine »freien« Zeiten im Kalender. Gleichzeitig sorgst du dafür, Fokuszeiten für dich einzuplanen, in denen du Aufgaben in Ruhe abarbeiten kannst (→ Kapitel »Jetzt wird's ernst – Die ersten 100 Tage als Führungskraft in Teilzeit«).
- **Kommunikation:** Du gehst sorgsam mit deiner Zeit um, achtest im eigenen Team auf eine gute Meetinghygiene, förderst den reinen Informationsaustausch über asynchrone Kommunikationsformen – wie Chat-Nachrichten, Dokumente oder notfalls auch E-Mails – und entscheidest immer wieder neu, ob und wo du überall dabei sein musst (→ Kapitel »Führen in Teilzeit, aber richtig – Was hat Führung in Teilzeit mit New Work zu tun?«).

- **Delegation und Empowerment:** Als erfolgreiche Teilzeitführungskraft empowerst du deine Mitarbeitenden und förderst sie durch Delegation. Dadurch entsteht für dich Freiraum für strategisches und beziehungsorientiertes Arbeiten – also das, was Führung heute ausmacht (→ Kapitel »Führen in Teilzeit, aber richtig – Was hat Führung in Teilzeit mit New Work zu tun?«).
- **Fokussierung:** Du etablierst für dich gute Routinen, die dir dabei helfen, immer wieder zu entscheiden, was gerade wichtig ist und was warten darf. Gleichzeitig darfst du dir immer wieder klar darüber werden, was du selbst machen willst und kannst und was andere vielleicht mindestens genauso gut können (→ Kapitel »Jetzt wird's ernst – Die ersten 100 Tage als Führungskraft in Teilzeit«).

Du merkst schon: Selbstreflektion und Selbstmanagement sind in diesem Prozess ein wichtiger Schlüssel zum Erfolg. Das kann und wird dir niemand abnehmen. Gleichzeitig empfinde ich das als eine schöne Einladung zur persönlichen Weiterentwicklung. Du darfst auf deiner Reise zur Teilzeitführungskraft immer dazulernen, dich auch mal überraschen lassen und deine Erfolge feiern. Ich habe mich auf meiner Teilzeit-Reise auf jeden Fall noch mal besser kennen und lieben gelernt – mit all meinen Stärken und Schwächen. Ich habe gelernt, mit Rückschlägen umzugehen und auch diese Erfahrungen positiv für mich zu nutzen. Ich habe gelernt, dass manche Dinge einfach Zeit brauchen und ich nicht immer sofort eine Antwort auf alle Fragen des Lebens parat haben muss.

Geholfen haben mir dabei Bücher und Weiterbildungen zum Thema Führung und New Work, der Austausch mit anderen (Teilzeitführungskräften) sowie die Arbeit mit professionellen Coaches. In diesen Prozess Zeit und teilweise auch Geld zu investieren, hat sich für mich ausgezahlt. Denn ich habe gemerkt, dass ich meinen Lernprozess damit an vielen Stellen enorm beschleunigt habe – davon haben übrigens auch mein Team und mein Arbeitgeber profitiert. Und wie bereits im letzten Kapitel geschrieben: Du darfst dir so viel Unterstützung auf deinem Weg holen, wie du brauchst. Denn gemeinsam geht vieles leichter.

Outro

Ich hoffe, in diesem Buch ist eines deutlich geworden: Führung in Teilzeit ist eine große Chance für unsere Gesellschaft. Die Vision einer Arbeitswelt, die Menschen Entwicklung ermöglicht und gleichzeitig unsere Existenz sichert, ist das, was mich antreibt. Eine Arbeitswelt, die einen positiven Impact auf unser Leben hat – sowohl auf individueller Ebene als auch auf gesellschaftlicher. Eine Reduzierung der Wochenarbeitszeit kann uns dabei helfen, viele der drängendsten Probleme unserer Zeit anzupacken: Sie würde zu weniger Stress und einer Reduzierung der damit verbundenen Erkrankungen führen, zu mehr Diversität und Chancengerechtigkeit – insbesondere für Frauen und Mütter – beitragen, unseren CO_2-Fußabruck verkleinern und uns im Umgang mit dem demografischen Wandel weiterbringen.

Ganz konkret wünsche ich mir für die Zukunft, dass Kompetenz für Karriere entscheidend ist, nicht die leistbaren Arbeitsstunden. Denn mehr Zeiteinsatz führt eben nicht automatisch zu besseren Ergebnissen. Und Menschen mit einem größeren Zeitbudget sind nicht unbedingt die besseren Führungskräfte. Ich wünsche mir, dass wir genauer hinsehen und Menschen entsprechend ihrer Potenziale und Fähigkeiten fördern. Katy Roewer hat in ihrem Vorwort zu diesem Buch genau das geschrieben. Auch sie sagt: »Persönliche Skills« sind das, was es für Führung heute braucht. Und was im Endeffekt eine gute Führungskraft ausmacht.

Als (angehende) Teilzeitführungskraft bringst du deine Skills ein und gestaltest die Arbeitswelt der Zukunft mit. Du bist ein:e Pionier:in und zeigst, dass Karriere auch abseits der Vollzeitnorm möglich ist. Das finde ich ehrlich gesagt ziemlich spannend. Gleichzeitig ist mir bewusst, dass dieser Weg nicht immer einfach ist. Du musst dir vielleicht vieles erst erkämpfen und andere von deinem Modell überzeugen. Musst die Unsicherheit aushalten, nicht hundertprozentig zu wissen, wie es gehen kann. Und trotzdem anderen das Gefühl vermitteln, dass alles gut wird. Ich hoffe, dass du in diesem Buch Inspiration, Informationen und Know-how gefunden hast, das dir dabei hilft, diesen Weg erfolgreich zu gehen.

Dabei wünsche ich dir viel Erfolg und vor allem viel Freude!

Danke

Mein Dank geht an alle Teilzeitführungskräfte, Unternehmensvertreter:-innen und Expert:innen, die sich Zeit für ein Gespräch mit mir genommen haben und dieses Buch durch ihren Beitrag zu einem lebendigen und vielfältigen Praxisratgeber gemacht haben. Optisch zu einem Highlight geworden ist das Buch durch die Illustrationen von Danny Herzog-Braune, der dafür die eine oder andere Extraschicht eingelegt hat. Den fantastischen Einstieg geliefert hat OTTO-Vorständin Katy Roewer, die sich Zeit für das großartige Vorwort genommen hat. Danke dafür! Aber auch ohne die Menschen, die mich bestärkt haben, dieses Buch zu schreiben, und mich auf dem Weg unterstützt haben, hätte es dieses Buch nicht gegeben:

Meine Freundin Sabine, die sich meine Probleme klaglos angehört und mir viele hilfreiche Tipps geben hat. Swantje, die ihre Zeit zwischen zwei Jobs dafür genutzt hat, meinen Text zu lesen, und das Buch mit ihren Erfahrungen bereichert hat. Iulia und Jessica, die mit ihrem Feedback das Buch ein Stückchen besser gemacht haben. Und natürlich mein Verlag, der von Anfang an an das Buch geglaubt hat, sowie meine Lektorin Doreen, die mich mit ihren Nachrichten motiviert hat, Schwachstellen ausgemerzt und dem Buch den letzten Schliff verliehen hat. Danken möchte ich auch meinem ehemaligen Chef, der mir den Einstieg in eine Führungsrolle in Teilzeit ermöglicht hat, sowie meinem ehemaligen Team, das sich mit mir auf die Reise eingelassen und mich immer unterstützt hat. Es war mir eine Freude, mit euch zu arbeiten!

Aber am wichtigsten sind auch für mich die Menschen in meiner Familie. Ohne euch würde es dieses Buch nicht geben. Deshalb geht mein Dank an meine Eltern, die mich immer moralisch unterstützt, mit Essen versorgt und auch mal außer der Reihe die Kinderbetreuung übernommen haben. Und last but not least an meinen Partner und meine Kinder, die der Auslöser für meine Vereinbarkeitsreise waren und immer noch sind.

Literaturverzeichnis

4 Day Week Global. https://www.4dayweek.com/ (Zugriff am 22.03.2024).

AllBright Stiftung. 01.09.2023. https://www.allbright-stiftung.de/fakten (Zugriff am 08.05.2024).

ARBEITSZEIT UND ARBEITSORGANISATION. STATISTICS BRIEF, Wien: Statistik Austria, 2019.

BARMER. https://www.barmer.de/gesundheit-verstehen/psyche/psychische-gesundheit/richtig-atmen-1055858#Atemu00FCbung_fu00FCr_mehr_Entspannung_Den_Atem_verlu00E4ngernu00A0-1055858 (Zugriff am 10.05.2024).

BCG – Boston Consulting Group. 04.02.2021. https://web-assets.bcg.com/b4/67/551c4d9340a78a15ad08db02cf15/bcg-humancenteredleadersarethefutureofleadership-20210204-vf.pdf (Zugriff am 08.05.2024).

Bertelsmann Stiftung. 28.11.2023. https://www.bertelsmann-stiftung.de/de/themen/aktuelle-meldungen/2023/november/mehr-plaetze-und-bessere-qualitaet-in-kitas-bis-2030-wenn-jetzt-entschlossen-gehandelt-wird?ADMCMD_simTime=1701153900 (Zugriff am 10.05.2024).

Blömer, Maximilian, Johanna Garnitz, Laura Gärtner, Andreas Peichl, und Helene Strandt. *Zwischen Wunsch und Wirklichkeit: Unter- und Überbeschäftigung am deutschen Arbeitsmarkt.* Forschungsbericht, München: ifo Institut, 2021.

BMAS – Bundesministerieum für Arbeit und Soziales. 04.03.2023. https://www.bmas.de/DE/Service/Presse/Interviews/2023/2023-03-04-rnd.html (Zugriff am 08.05.2024).

BMAS – Bundesministerium für Arbeit und Soziales. 24.01.2024. https://www.bmas.de/DE/Arbeit/Fachkraeftesicherung/fachkraefte-sicherung.html.

BMFSFJ – Bundesministerium für Familie, Senioren, Frauen und Jugend. 28.01.2024. https://www.bmfsfj.de/bmfsfj/themen/gleichstellung/gender-care-gap/indikator-fuer-die-gleichstellung/gender-care-gap-ein-indikator-fuer-die-gleichstellung-137294.

BMFSFJ – Bundesministerium für Familie, Senioren, Frauen und Jugend. 27.12.2023. https://www.bmfsfj.de/bmfsfj/themen/familie/chancen-und-teilhabe-fuer-familien/alleinerziehende#: ~ :text = In % 20der % 20 Zeit % 20von % 201996,F % C3 % A4llen % 20ist % 20dies % 20die % 20Mutter. (Zugriff am 10.05.2024).

BOSCH. https://www.bosch.de/karriere/warum-bosch/kultur-und-benefits/jobsharing/ (Zugriff am 10.05.2024).

BpP – Bundeszentrale für politische Bildung. 28.03.2024. https://www.bpb.de/kurz-knapp/zahlen-und-fakten/soziale-situation-in-deutschland/61718/arbeitslose-und-arbeitslosenquote/ (Zugriff am 08.05.2024).

Bregmann, Rutger. *Utopia for realists.* London: Bloomsbury, 2017.

Bundesamt für Statistik. 11.05.2021. https://www.bfs.admin.ch/asset/de/17004156#: ~ :text = 46 % 25 % 20w % C3 % BCrden % 20es % 20 bevorzugen % 2C % 20wenn,10 % 25 % 20arbeiten % 20beide % 20Eltern % 20Teilzeit (Zugriff am 01.05.2024).

Bundesamt für Statistik. 2022. https://www.bfs.admin.ch/bfs/de/home/statistiken/wirtschaftliche-soziale-situation-bevoelkerung/gleichstellung-frau-mann/vereinbarkeit-beruf-familie/erwerbsbeteiligung-muettern-vaetern.html (Zugriff am 22.03.2024).

Bundesamt für Statistik. 22.05.2023. https://www.bfs.admin.ch/asset/de/25045977 (Zugriff am 24.04.2024).

Bund-Länder Demografie Portal. https://www.demografie-portal.de/DE/Fakten/natuerliche-bevoelkerungsentwicklung.html (Zugriff am 13.05.2024).

Business User. 11.01.2022. https://business-user.de/team/wir-vergeuden-viel-zu-viel-zeit-in-unnoetigen-meetings/#: ~ :text = Eine % 20Befragung % 20von % 202.000 % 20Angestellten,4 % 20Stunden % 20als % 20 unn % C3 % B6tig % 20empfinden (Zugriff am 05.03.2024).

Clear, James. *Die 1 %-Methode.* München: Goldmann, 2020.

Conpadres. 2022. https://conpadres.de/wp-content/uploads/2022/08/220328_LF_Trendstudie-_Zukunft-Vereinbarkeit_Web.pdf (Zugriff am 10.05.2024).

Covey, Stephen. *Die 7 Wege zur Effektivität.* Offenbach: GABAL Verlag, 2010.

Demografieportal des Bundes und der Länder. 22.01.2024. https://www.demografie-portal.de/DE/Fakten/teilzeitarbeit-gruende.

html#: ~ :text = Die % 20Gr % C3 % BCnde % 20f % C3 % BCr % 20die % 20 Teilzeitt % C3 % A4tigkeit,Menschen % 20mit % 20Behinderung % 20 und % 20Pflegebed % C3 % BCrftigen.

DESTATIS – Statistisches Bundesamt. 28.03.2024. https://www.destatis.de/DE/Presse/Pressekonferenzen/2024/zve2022/statement-zve.pdf?__blob = publicationFile (Zugriff am 19.04.2024).

DESTATIS – Statistisches Bundesamt. https://www.destatis.de/DE/Themen/Arbeit/Arbeitsmarkt/Qualitaet-Arbeit/Dimension-3/ueberlange-arbeitszeiten.html (Zugriff am 25.03.2024).

DESTATIS – Statistisches Bundesamt. 22.01.2024. https://www.destatis.de/DE/Themen/Arbeit/Arbeitsmarkt/Qualitaet-Arbeit/Dimension-3/unfreiwillig-teilzeitbeschaeftige.html#: ~ :text = Jede % 20neunte % 20 Teilzeitkraft % 20will % 20Vollzeit,keine % 20Vollzeitstelle % 20gefunden % 20zu % 20haben.

DESTATIS – Statistisches Bundesamt. 04.03.2024. https://www.destatis.de/DE/Themen/Arbeit/Arbeitsmarkt/Qualitaet-Arbeit/Dimension-3/erwerbsbeteiligung-eltern.html#: ~ :text = Bei % 20Frauen % 20 ist % 20der % 20Unterschied,einem % 20Kind % 20unter % 206 % 20 Jahren.&text = Quelle % 3A % 20Ergebnis % 20des % 20Mikrozensus.

DESTATIS – Statistisches Bundesamt. 04.03.2024. https://www.destatis.de/DE/Themen/Gesellschaft-Umwelt/Gesundheit/Pflege/_inhalt.html.

DESTATIS – Statistisches Bundesamt. 2024. https://www.destatis.de/DE/Themen/Querschnitt/Gleichstellungsindikatoren/gender-pension-gap-f33.html (Zugriff am 19.04.2024).

DESTATIS – Statistisches Bundesamt. 07.03.2022. https://www.destatis.de/DE/Presse/Pressemitteilungen/2022/03/PD22_N012_12.html (Zugriff am 19.04.2024).

DESTATIS – Statistisches Bundesamt. 16.01.2024. https://www.destatis.de/DE/Presse/Pressemitteilungen/Zahl-der-Woche/2024/PD24_03_p002.html (Zugriff am 08.05.2024).

DESTATIS – Statistisches Bundesamt. 28.03.2024. https://www.destatis.de/DE/Themen/Gesellschaft-Umwelt/Einkommen-Konsum-Lebensbedingungen/Zeitverwendung/Tabellen/aktivitaeten-geschlecht-zve.html (Zugriff am 10.05.2024).

DESTATIS – Statistisches Bundesamt. 2024. https://www.destatis.de/Europa/DE/Thema/Bevoelkerung-Arbeit-Soziales/Arbeitsmarkt/GenderPayGap.html (Zugriff am 22.03.2024).

DESTATIS – Statistisches Bundesamt. 04.03.2024. https://www.destatis.de/DE/Themen/Arbeit/Verdienste/Verdienste-GenderPayGap/_inhalt.html (Zugriff am 10.05.2024).

DESTATIS – Statistisches Bundesamt. 07.03.2023. https://www.destatis.de/DE/Presse/Pressemitteilungen/2023/03/PD23_N015_12_63.html (Zugriff am 10.05.2024).

DESTATIS – Statistisches Bundesamt. 2024. https://www.destatis.de/DE/Themen/Querschnitt/Demografischer-Wandel/Hintergruende-Auswirkungen/demografie-pflege.html#: ~ :text = %C3%9Cber%2080%20%25%20werden%20zu%20Hause%20versorgt&text = 4%2C17%20Millionen%20Pflegebed%C3%BCrftige%20beziehungsweise,Pflegebed (Zugriff am 10.05.2024).

DESTATIS – Statistisches Bundesamt. 30.03.2023. https://www.destatis.de/DE/Presse/Pressemitteilungen/2023/03/PD23_124_12.html (Zugriff am 10.05.2024).

DESTATIS – Statistisches Bundesamt. https://www.destatis.de/DE/Themen/Querschnitt/Demografischer-Wandel/demografie-mitten-im-wandel.html (Zugriff am 10.05.2024).

DIW Berlin – Deutsches Institut für Wirtschaftsforschung. 29.02.2024. https://www.diw.de/de/diw_01.c.867356.de/publikationen/wochenberichte/2023_09_1/gender_pay_gap_und_gender_care_gap_steigen_bis_zur_mitte_des_lebens_stark_an.html.

DIW Berlin – Deutsches Institut für Wirtschaftsforschung. 2023. https://www.diw.de/de/diw_01.c.867356.de/publikationen/wochenberichte/2023_09_1/gender_pay_gap_und_gender_care_gap_steigen_bis_zur_mitte_des_lebens_stark_an.html#section2 (Zugriff am 08.05.2024).

Dr. Juncke, David, Dr. Claire Samtleben und Evelyn Stoll. *Väterreport 2023.* Berlin: Bundesministerium für Familie, Senioren, Frauen und Jugend, 2023.

Dr. Stettes, Oliver und Dr. Andrea Hammermann. *Unternehmensmonitor Familienfreundlichkeit.* Köln: Institut der deutschen Wirtschaft Köln e.V., 2023.

Eidgenössisches Büro für die Gleichstellung von Frau und Mann. 15.08.2023. https://www.ebg.admin.ch/de/lohngleichheit (Zugriff am 22.03.2024).

Elternzeit, Elterngeld und Partnerschaftlichkeit. Institut für Demoskopie Allensbach, 2021.

Erfolgsfaktor Familie. 15.02.2024. https://www.erfolgsfaktor-familie.de/erfolgsfaktor-familie/service/alle-meldungen/muetter-wollen-mehr-arbeiten-wenn-vaeter-sie-entlasten-236412#: ~ :text = Eine%20neue%20Studie%20des%20Bundesinstituts,tats%C3%A4chlich%20geleisteten%20als%20ideal%20ansehen. (Zugriff am 08.05.2024).

Fischer, Björn und Johannes Geyer. *Pflege in Corona-Zeiten.* Berlin: DIW Berlin, 2020.

Flexibles Arbeiten in Führung – Ein Leitfaden für die Praxis. Berlin: EAF Berlin und Hochschule für Wirtschaft und Recht Berlin, 2017.

Frauke, Sven, Stefanie Hornung und Nadine Nobile. *New Pay: Alternative Arbeits- und Entlohnungsmodelle.* Freiburg: Haufe Group, 2019.

Gehrke-Vetterkind, Lilian. *Frauen wollen führen.* Studie, Gehrke & Vetterkind Consultants, 2021.

Geis-Thöne, Wido. *Mütter haben unterschiedliche Erwerbswünsche und erwerbsbezogene Normen.* IW-Report, Köln: IW – Institut der deutschen Wirtschaft, 2021.

Generation Z – Achtung, die Arbeitswelt-Optimierer kommen! White Paper, Frankfurt am Main: berufundfamilie Service GmbH, 2019.

gesund.bund.de. 31.01.2022. https://gesund.bund.de/stress#einleitung (Zugriff am 10.05.2024).

Goethe Institut. 2021. https://www.goethe.de/prj/zei/de/art/22351887.html (Zugriff am 10.05.2024).

Hammermann, Andrea. *Führung in Teilzeit.* IW-Kurzbericht, Köln: Institut der deutschen Wirtschaft Köln, 2023.

Hammermann, Andrea und Holger Schäfer. *Arbeitszeitwünsche von jüngeren Beschäftigten.* IW-Kurzbericht, Köln: Institut der deutschen Wirtschaft, 2024.

Hammermann, Andrea und Oliver Stettes. *Unternehmensmonitor Familienfreundlichkeit 2023.* Köln: Institut der deutschen Wirtschaft Köln, 2023.

Hans-Böckler-Stiftung. 2020. https://www.boeckler.de/de/boeckler-impuls-ruckschritt-durch-corona-23586.htm (Zugriff am 19.04.2024).

Hans-Böckler-Stiftung. 2007. https://www.boeckler.de/de/boeckler-impuls-kurze-arbeitszeit-hohe-produktivitaet-9979.htm (Zugriff am 25.03.2024).

Hoffmeister, Ana. *Future Familiy.* München: Knaur Verlag, 2024.

IAP – Institut für angewandte Psychologie. https://www.zhaw.ch/de/psychologie/dienstleistung/sportpsychologie-mentaltraining/mentaltraining-laufsport/visualisierung/#: ~ :text = Unter % 20Visualisieren % 20wird % 20im % 20Kontext,Bewegungen % 2C % 20Gegebenheiten % 20oder % 20Situationen % 20verstanden. (Zugriff am 25.03.2024).

Impulse. 16.08.2023. https://www.impulse.de/personal/check-in-meetings/7437509.html (Zugriff am 06.03.2024).

Intraprenör. https://www.intraprenoer.de/4tagewoche#Facts (Zugriff am 22.03.2024).

IW – Institut der deutschen Wirtschaft. 05.02.2024. https://www.iwkoeln.de/studien/wido-geis-thoene-muetter-haben-unterschiedliche-erwerbswuensche-und-erwerbsbezogene-normen.html.

IWD – Der Informationsdienst des Instituts der deutschen Wirtschaft. 24.02.2024. https://www.iwd.de/artikel/fuehrungskraefte-arbeiten-noch-selten-in-teilzeit-608760/ (Zugriff am 08.05.2024).

Jessl, Randolf und Thomas Wilhelm. *Shared Leadership.* Freiburg: Haufe-Lexware, 2023.

JobTwins. https://www.jobtwins.work/unternehmen#: ~ :text = Sind % 20zwei % 20Teilzeitkr % C3 % A4fte % 20im % 20Jobsharing,wie % 20eine % 2040 % 20Stunden % 20Kraft. (Zugriff am 10.05.2024).

Junghans, Stefanie und Schönitz, Janina. *Co-Leadership: Jobsharing als Antwort auf eine veränderte Arbeitswelt.* München: Vahlen, 2023.

Karlshaus, Kaehler (Hrsg.). *Teilzeitführung: Wissenschaftliche Impulse und aktuelle Praxisbeispiele.* Wiesbaden: SpringerGabler, 2023.

Keller, Matthias und Thomas Körner. *Closing the Gap? Erwerbstätigkeit und Arbeitszeit von Müttern und Vätern nach 15 Jahren Elterngeld.* Wiesbaden: Statistisches Bundesamt (DESTATIS), 2023.

Klein, Sebastian und Ben Hughes. *Der Loop Approach: Wie du deine Organisation von innen heraus transformierst.* Frankfurt am Main: Campus, 2019.

Kleven, Henrik, Camille Landais, Johanna Posch, Andreas Steinhauer und Josef Zweimüller. »Child Penalties Across Countries: Evidence ans Explanations.« *AEA PAPERS AND PROCEEDINGS,* Nr. 109, Mai 2019, S. 122–126.

Neue Narrative. https://newworkglossar.de/wie-funktioniert-integratives-entscheiden/ (Zugriff am 05.03.2024).

Neue Narrative. https://www.neuenarrative.de/magazin/verteilte-fuhrung-von-visionarinnen-managerinnen-und-coaches (Zugriff am 10.05.2024).

New Pay. 21.02.2024. https://www.new-pay.org/was-ist-new-pay.

New Work SE. 07.09.2023. https://www.new-work.se/de/newsroom/pressemitteilungen/2023-jenseits-der-bueroarbeit-laut-forsa-studie-werden-arbeitskraefte-in-industrie%2C-handel-und-dienstleistung-in-deutschland-weiter-haenderingend-gesucht (Zugriff am 08.05.2024).

Peichel, Andreas, Stefan Sauer und Klaus Wohlrabe. *Fachkräftemangel in Deutschland.* Aufsatz, München: ifo Institut, 2022.

Personalwirtschaft. 17.01.2024. https://www.personalwirtschaft.de/news/verguetung/henkel-fuehrt-geschlechterneutrale-elternzeit-ein-168942/#:~:text=Ab%20sofort%20k%C3%B6nnen%20sich%20alle,was%20SAP%20j%C3%BCngst%20zur%C3%BCckgezogen%20hat. (Zugriff am 21.03.2024).

Renditepotenziale der NEUEN Vereinbarkeit. Studie, Berlin: BMFSFJ – Bundesministerium für Familie, Senioren, Frauen und Jugend, 2016.

RKI – Robert Koch-Institut. 09.12.2020. https://www.rki.de/DE/Content/Gesundheitsmonitoring/Gesundheitsberichterstattung/GBEDownloadsB/frauenbericht/04_Gesundheit_Erwerbs-Familienarbeit.pdf?__blob=publicationFile (Zugriff am 10.05.2024).

Schermuly, Carsten C. *New Work – Gute Arbeit gestalten.* Freiburg: Haufe-Lexware, 2019.

Science Direct. 09 2021. https://www.sciencedirect.com/science/article/pii/S0160412021002208 (Zugriff am 25.03.2024).

Statista. 24.01.2024. https://de.statista.com/infografik/24835/anteil-der-vaeter-in-deutschland-die-elterngeld-beziehen/#:~:text=Seit%202015%20ist%20der%20V%C3%A4teranteil,wie%20die%20Statista%2DGrafik%20zeigt.

Statista. 05.02.2024. https://de.statista.com/themen/887/fachkraeftemangel/?kw=&crmtag=adwords&gclid=Cj0KCQjw2qKmBhCfARIsAFy8buImBPxXP9a5prz_QdDxp2Kb95iwldcNf5bYskxflXygQD-dUii-0swaAhH7EALw_wcB#editorsPicks.

Statista. 13.06.2023. https://de.statista.com/infografik/26236/anteil-der-unternehmen-die-offene-stellen-laengerfristig-nicht-besetzen-koennen/ (Zugriff am 08.05.2024).

Statista. 02.05.2024. https://de.statista.com/statistik/daten/studie/77239/umfrage/krankheit-hauptursachen-fuer-arbeitsunfaehigkeit/ (Zugriff am 08.05.2024).

Statista. 04.03.2024. https://de.statista.com/infografik/24835/anteil-der-vaeter-in-deutschland-die-elterngeld-beziehen/ (Zugriff am 10.05.2024).

Statista. 02.01.2024. https://de.statista.com/statistik/daten/studie/1117314/umfrage/durchschnittsalter-der-bevoelkerung-in-den-dach-laendern/ (Zugriff am 10.05.2024).

Statista. 2023. https://de.statista.com/statistik/daten/studie/1098738/umfrage/anteil-der-teilzeitbeschaeftigung-in-den-eu-laendern/ (Zugriff am 19.04.2024).

Statistik Austria. 2023. https://www.statistik.at/statistiken/arbeitsmarkt/erwerbstaetigkeit/familie-und-erwerbstaetigkeit (Zugriff am 22.03.2024).

Statistik Austria. 28.11.2023. https://www.statistik.at/statistiken/bevoelkerung-und-soziales/gender-statistiken/vereinbarkeit-von-beruf-und-familie (Zugriff am 10.05.2024).

Stepstone Österreich. 15.02.2023. https://www.stepstone.at/Ueber-StepStone/pressebereich/stepstone-studie-warum-menschen-in-teilzeit-arbeiten/ (Zugriff am 08.05.2024).

Süddeutsche Zeitung. 05.02.2024. https://www.sueddeutsche.de/wirtschaft/muetter-erwerbstaetigkeit-teilzeit-1.5378774.

Table Media. 04.03.2024. https://table.media/berlin/analyse/wir-brauchen-mehr-bock-auf-arbeit/ (Zugriff am 08.05.2024).

Tagesschau. 16.04.2023. https://www.tagesschau.de/wirtschaft/unternehmen/studie-fachkraeftemangel-101.html (Zugriff am 08.05.2023).

Univ-Prof. Dr. Halla, Martin und Mag. Heidemarie Pöschko. *Teilzeit Führungskräfte.* Studie, Linz: Universität Linz, 2022.

Vodafone Newsroom. 14.09.2023. https://newsroom.vodafone.de/unternehmen/jobsharing-bei-vodafone-fuhrungskrafte-in-teilzeit (Zugriff am 10.05.2024).

Weber, Sara. *Die Welt geht unter, und ich muss trotzdem arbeiten?* Köln: Kiepenheuer & Witsch, 2023.

WELT. 26.02.2024. https://www.welt.de/wirtschaft/article164532658/Hausarbeit-von-Frauen-mehr-als-eine-Billion-Euro-wert.html.

WPGS – Wirtschaftspsychologische Gesellschaft. https://wpgs.de/fachtexte/selbstwirksamkeit/#Beispiel_fuer_Selbstwirksamkeit_der_Bannister-Effekt (Zugriff am 27.03.2024).

WPGS – Wirtschaftspsychologische Gesellschaft. https://wpgs.de/fachtexte/fuehrung-von-mitarbeitern/menschenbilder-und-fuehrung/ (Zugriff am 10.05.2024).

WSI – Wirtschafts- und Sozialwissenschaftliches Institut. 29.01.2024. https://www.wsi.de/de/zeit-14621-teilzeitquoten-der-abhaengig-beschaeftigten-19912017-14748.htm#: ~ :text = Blieb%20die%20Teilzeitquote%20von%20Frauen,Prozent%20auf%2012%20Prozent%20angestiegen.

Xing. 23.01.2023. https://www.xing.com/news/insiders/articles/warum-der-offene-stellenmarkt-nicht-zum-erfolg-fuhrt-5447944 (Zugriff am 05.03.2024).

ZDF. 07.03.2023. https://www.zdf.de/nachrichten/ratgeber/familie-finanzen-care-arbeit-100.html (Zugriff am 22.03.2024).

Stichwortverzeichnis

Endnotes

1 (IWD – Der Informationsdienst des Instituts der deutschen Wirtschaft 2024)
2 (Table Media 2024)
3 (Personalwirtschaft 2024)
4 (IWD – Der Informationsdienst des Instituts der deutschen Wirtschaft 2024)
5 (Karlshaus 2023)
6 (BpP – Bundeszentrale für politische Bildung 2024)
7 (BpP – Bundeszentrale für politische Bildung 2024)
8 (Tagesschau 2023)
9 (Statista 2023)
10 (BMAS – Bundesministerium für Arbeit und Soziales 2024)
11 (Geis-Thöne 2021)
12 (BMAS – Bundesministerieum für Arbeit und Soziales 2023)
13 (Peichel, Sauer und Wohlrabe 2022)
14 (BCG – Boston Consulting Group 2021)
15 (Dr. Stettes und Dr. Hammermann 2023)
16 (Flexibles Arbeiten in Führung – Ein Leitfaden für die Praxis 2017)
17 (Karlshaus, 2023)
18 (DESTATIS – Statistisches Bundesamt 2024)
19 (Karlshaus 2023)
20 (Karlshaus 2023)
21 (AllBright Stiftung 2023)
22 (Weber 2023)
23 (Hammermann und Schäfer, Arbeitszeitwünsche von jüngeren Beschäftigten 2024)
24 (Bregmann 2017)
25 (Bregmann 2017)
26 (Statista 2024)
27 (Stepstone Österreich 2023)
28 (Bregmann 2017)
29 (4 Day Week Global)
30 (Bregmann 2017)

31 (Intraprenör)
32 (New Work SE 2023)
33 Zitat von BDA-Hauptgeschäftsführer Steffen Kampeter
34 (DESTATIS – Statistisches Bundesamt 2024)
35 (DESTATIS – Statistisches Bundesamt 2024)
36 (DESTATIS – Statistisches Bundesamt 2024)
37 (STATISTA 2023)
38 (Hans-Böckler-Stiftung 2020)
39 Das ist der *unbereinigte* Gender Pay Gap. Mehr dazu hier: (DESTATIS – Statistisches Bundesamt 2024)
40 (DESTATIS – Statistisches Bundesamt 2024)
41 (Eidgenössisches Büro für die Gleichstellung von Frau und Mann 2023)
42 (DESTATIS – Statistisches Bundesamt 2024)
43 (Kleven, et al. 2019)
44 (DESTATIS – Statistisches Bundesamt 2023)
45 (RKI – Robert Koch-Institut 2020)
46 (Goethe Institut 2021)
47 (Blömer, et al. 2021)
48 (Conpadres 2022)
49 (Conpadres 2022)
50 (Blömer, et al. 2021)
51 (Statista 2024)
52 (Statista 2024)
53 (Keller und Körner 2023)
54 (Statistik Austria 2023)
55 (Bundesamt für Statistik 2021)
56 (Bertelsmann Stiftung 2023)
57 Siehe auch (Hoffmeister 2024)
58 (Dr. Juncke, Dr. Samtleben und Stoll 2023)
59 (ZDF 2023)
60 (BMFSFJ – Bundesministerium für Familie, Senioren, Frauen und Jugend 2023)
61 (Fischer und Geyer 2020)
62 (DESTATIS – Statistisches Bundesamt 2024)
63 (DESTATIS – Statistisches Bundesamt 2023)
64 (Statista 2024)
65 (DESTATIS – Statistisches Bundesamt)

66 (Bund-Länder Demografie-Portal)
67 Quelle: Vortrag Netzwerk Erfolgsfaktor Familie am 01.12.2023
68 (Hammermann, Führung in Teilzeit 2023)
69 (Karlshaus 2023)
70 (Karlshaus 2023)
71 Ich bezeichne das Modell im Weiteren als Effizienzmodell. In der Literatur ist in der Regel von vollzeitnaher Teilzeit die Rede. Das ist aus meiner Sicht verwirrend, weil alle vorgestellten Modelle in vollzeitnaher Teilzeit genutzt werden können. Als Unterscheidungskriterium wird von mir also nicht der Arbeitszeitgrad, sondern die primäre Methode zur Reduzierung der Arbeitszeit genutzt.
72 (Karlshaus 2023)
73 (Karlshaus 2023)
74 (Karlshaus 2023)
75 (BOSCH)
76 (Vodafone Newsroom 2023)
77 (Jessl und Wilhelm 2023)
78 (Neue Narrative)
79 (Jessl und Wilhelm 2023)
80 (Jessl und Wilhelm 2023)
81 (Jessl und Wilhelm 2023)
82 Das Akronym VUCA steht für volatility (Volatilität, also Unbeständigkeit oder Flüchtigkeit), uncertainty (Ungewissheit), complexity (Komplexität) und ambiguity (Ambiguität) und versucht, die Wirtschaftswelt der Digitalisierung zu beschreiben. Inzwischen wird das Konzept zunehmend von BANI abgelöst, was für brittle (brüchig), anxious (ängstlich), nonlinear (nicht linear) und incomprehensible (unbegreiflich) steht.
83 (Schermuly 2019)
84 (WPGS – Wirtschaftspsychologische Gesellschaft)
85 (Business User 2022)
86 Die Holokratie ist eine Organisationsform, die auf einer Kreis- anstatt einer Linienstruktur aufbaut ist und nach einem zentralen Regelwerk funktioniert. Insbesondere für Meetings und Entscheidungen hat sich das Prinzip der integrativen Entscheidungsfindung bewährt. Mehr Infos unter: (Neue Narrative)

87 Kurzer Regeltermin (ca. 15 min), der üblicherweise im Stehen abgehalten wird. Ziel ist es, Fortschritte zu besprechen und Blocker zu erkennen. Dazu werden in der Regel drei Fragen pro Teilnehmer:in beantwortet: Was habe ich gestern erledigt? Was ist für heute geplant? Gibt es Probleme oder Hindernisse, die meinen Tasks im Weg stehen? Das Format kann auch remote genutzt werden.
88 (Franke, Hornung und Nobile 2019)
89 (Franke, Hornung und Nobile 2019)
90 (IAP – Institut für angewandte Psychologie)
91 Väterreport 2023
92 (JobTwins)
93 (Flexibles Arbeiten in Führung – Ein Leitfaden für die Praxis 2017)
94 (Xing 2023)
95 (Univ-Prof. Dr. Halla und Mag. Pöschko 2022)
96 Siehe auch (Junghans und Schönitz 2023)
97 (Junghans und Schönitz 2023)
98 (Flexibles Arbeiten in Führung – Ein Leitfaden für die Praxis 2017)
99 (Gehrke-Vetterkind 2021)
100 (Renditepotenziale der NEUEN Vereinbarkeit 2016)
101 (DESTATIS – Statistisches Bundesamt)
102 (ARBEITSZEIT UND ARBEITSORGANISATION 2019)
103 (Bundesamt für Statistik 2023)
104 (Science Direct 2021)
105 (Hans-Böckler-Stiftung 2007)
106 Tollen Input findest du beispielsweise hier: (Impulse 2023)l
107 (gesund.bund.de 2022)
108 (BARMER)
109 (Clear 2020)
110 (Covey 2010)
111 (WPGS – Wirtschaftspsychologische Gesellschaft)

Über die Autorin

Johanna Fink ist 1980 geboren und wohnt mit ihrer Familie in der Nähe von München. Sie hat zwei Kinder und lebt mit ihrem Partner eine gleichberechtigte Aufteilung von Care- und Erwerbsarbeit. Nach einem BWL-Studium an der LMU München hat sie sich unter anderem zur Systemischen Organisationsberaterin und Coach sowie zertifizierten Vereinbarkeitsmanagerin (IHK) weitergebildet.

Ihre berufliche Karriere hat sie in der Medienbranche begonnen. Zunächst im Personalbereich und später in der IT hat sie schon früh Führungsverantwortung übernommen. Dabei war Vereinbarkeit von Familie und Beruf immer schon ein Thema für sie. Als Teilzeitführungskraft hat sie damit über viele Jahre hinweg positive Erfahrungen gesammelt – sowohl solo als auch im Tandem.

Gleichzeitig hat sie während der Corona-Pandemie erlebt, wie schnell Vereinbarkeit an individuelle Grenzen kommt, wenn sich gesellschaftliche Rahmenbedingungen ändern. Diese Erfahrung hat dazu geführt, dass sie ihre Karriere als Führungskraft beendet und sich intensiv mit Vereinbarkeit und insbesondere Karriere in Teilzeit beschäftigt hat.

Mit ihrer Arbeit setzt sie sich heute für mehr Diversität und soziale Nachhaltigkeit in der Arbeitswelt ein. Als Gründerin von TEILZEIT. TALENTE begleitet sie Unternehmen dabei, Führung in Teilzeit zum Erfolgsmodell zu machen, und unterstützt potenzielle Teilzeitführungskräfte bei der Suche nach einem richtig guten Teilzeitjob (https://teilzeittalente.de).

Als LinkedIn-Top-Voice schreibt sie auf der Plattform über das Thema Karriere in Teilzeit und diskutiert in ihrem Podcast (https://teilzeittalente.de/podcast-fuehren-in-teilzeit/) regelmäßig mit Teilzeitführungskräften, Expert:innen und Unternehmen. Sie ist gefragte Impulsgeberin und spricht in ihren Vorträgen über Karriere in Teilzeit, Vereinbarkeit und Diversität.

Johanna ist Kooperationspartner:in der HAUFE Akademie, Mitglied des Netzwerks FidAR e.V., das sich für mehr Frauen in Aufsichtsratspositionen einsetzt, sowie des Führungsfrauennetzwerks PANDA.

Mehr über Johanna und ihre Arbeit erfährst du hier:

www.johannafink.de

IMPULSGEBER UND KARRIEREBEGLEITER

GLEICH WEITERLESEN?

Unsere **Ratgeber zu Beruf und Karriere** liefern erprobte Strategien und begleiten Sie sowohl beim erfolgreichen Start ins Berufsleben als auch bei der Erreichung Ihrer persönlichen Karriereziele.

Scannen Sie den QR-Code und lassen Sie sich von unseren **Leseproben** zum nächsten **Schritt auf der Karriereleiter** motivieren. Ihr Lieblingsbuch bestellen Sie anschließend mit einem Klick beim Shop Ihrer Wahl!

gabal-verlag.de
gabal-magazin.de

VOM WISSEN INS UMSETZEN!

GLEICH WEITERLESEN?

Expertentipps aus der **Coachingpraxis** und Lifehacks für Ihren **persönlichen Erfolg** – entdecken Sie Bücher, die Ihr Leben leichter, besser und schöner machen.

Scannen Sie den QR-Code und finden Sie in den **Leseproben** Inspiration für Ihre **persönliche Entwicklung**. Ihr Lieblingsbuch bestellen Sie anschließend mit einem Klick beim Shop Ihrer Wahl!

gabal-verlag.de
gabal-magazin.de

GABAL.
Wissen vernetzen

Bei uns treffen Sie Entscheider, Macher … Persönlichkeiten, die nach vorn wollen

Seit 1976 bildet GABAL e.V. ein Netzwerk für Menschen die sich und ihr Business weiterentwickeln möchten.

„Austausch, Praxisnähe, Inspiration und Professionalität – dafür ist GABAL e.V. mit seinen Angeboten ein Garant."
(Anna Nguyen, Unternehme

GABAL e.V.
www.gabal.de

Neugierig geworden? Besuchen Sie uns auf www.gabal.de/mitglied-werden/leistungspakete